鈴木成一装丁物語。

· 註一 台灣的紙張單位用的是磅數或基重。磅數是指令重，單位為 P. 或 Lb.，定義是 500 張全開紙的總重量。基重單位為 GSM 或 g/m2，定義是一張 1 平方公尺大小紙張的重量。
本書中日本的紙張單位用的是連量，單位為 kg，定義是 1000 張（一連）四六判的總重量。

· 註二 日本不同於台灣的紙張規格，ハトロン判為 800×1200mm，四六判為 788×1091mm。

鈴木成一《鈴木成一 装丁物語。》〈中文版〉	
光乍現工作室｜2012年4月｜450 元（新台幣）	

開本	128×188mm
裝幀	平裝 244頁

	用紙	印刷・加工
書衣	絹絲象牙 31×43直絲155gsm	一色（黑墨）｜水性光
書腰	動感特銅 31×43直絲150gsm	二色（DIC621＋黑墨）｜亮面pp上光
封面	絹絲象牙 25×35直絲240gsm	一色（黑墨）
扉頁	再生丹迪 31×43直絲116gsm	無
書名頁	超感輕塗 31×43直絲128gsm	一色（黑墨）

序

雖然別人都稱我為「裝幀設計師」，但我並不這麼認為。像是廣告、電影宣傳海報等各種美術設計都會接，只是不知為何書籍設計最受肯定，所以目前幾乎都是接這方面的案子。

問我為何進入這行業，起因於大四時幫劇團設計海報吧。恰巧劇團團長想出一本腳本集，問我願不願意幫忙設計封面，就這樣誤打誤撞與這行業結下不解之緣。後來某家出版製作公司偶然看到我的作品，問我願不願意接封面設計，便開始朝這領域發展，陸續接了其他出版社的案子，就這樣一直努力到現在。

從二十三歲開始踏進這行業，算算已經過了二十五個年頭。雖然不明白自己為何能堅持到現在，也不清楚自己是否真的適合這工作，還是想和大

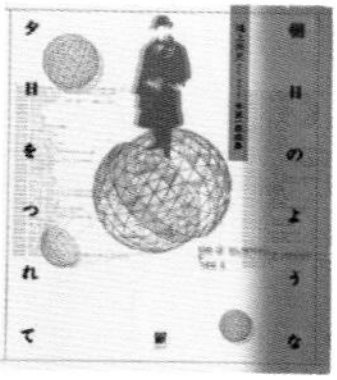

鴻上尚史的第一本腳本集《帶著猶如朝日般的夕陽》（弓立社，一九八三年），也是我的第一件作品。

家分享我對裝幀設計的各種想法。

一切從某天突然接到編輯打來的電話，委託我設計一本書的封面開始。我們碰面溝通，我讀過原稿後開始思考如何設計。那時還是菜鳥的我，先打了底稿，標註一些印刷時需要注意的事項，確認印刷廠送來的打樣後便大功告成。雖然現在都是用電腦做稿，但一本書就是一件case的接案形式並未改變。

當然與編輯溝通也是工作的一環，待書完成後這種合作關係便結束，感覺挺「冷漠」的，是吧（笑）？

總之，必須讓編輯願意再找我合作，保持聯繫才行。最開心的事莫過於接到合作過的編輯再次邀約，這樣也會對自己更有自信。

所以每件案子都得思考如何抓住編輯的心，當然也要考慮如何吸引讀者的目光，回應他們的期待，盡力呵護這般關係。

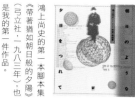

我認為「裝幀設計」好比幫一本書做造型，看過原稿後找出這本書的特色，思考該怎麼設計。不單要吸引讀者的目光，更要清楚詮釋這本書最簡單必要的概念。每件案子都讓我感到新鮮、興奮，唯有抱著這般態度做出來的東西，才能確實傳達一本書所要傳達的訊息。

我決定挑選一百二十件親手設計的作品，說明每一本書想要「表達」的意圖。什麼樣的設計才能讓編輯和讀者眼睛一亮？什麼樣的規格、插畫、照片與文字才能讓僅僅 13cm×20cm 的小空間展現驚人魅力？在在都得絞盡腦汁才能得到滿意結果。

・底稿——印刷專用硬板紙。將文字與圖片貼在白色厚紙板上，然後標示插圖、照片等的位置。基本上是單色，原寸大小，上頭覆蓋著一張描圖紙，標註好顏色等指定印刷條件，連同照片和插圖原稿一起送至印刷廠。

・打樣——開始印刷的前置作業，確認印刷廠提供的藍圖是否依指示製版，紙張合不合適、照片是否色偏等。

鈴木成一 裝丁物語。目次

書籍的各部位名稱

注意「封面」與「書衣」的不同

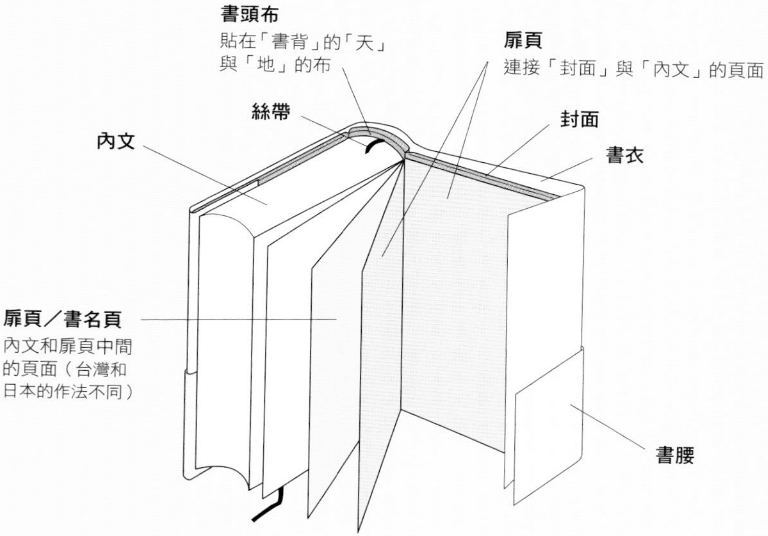

書籍的結構名稱

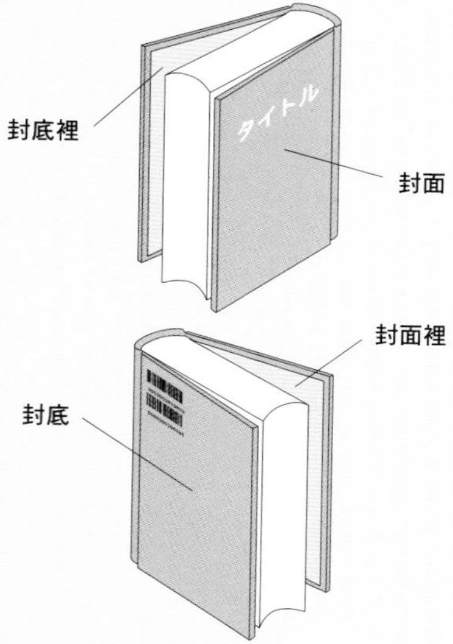

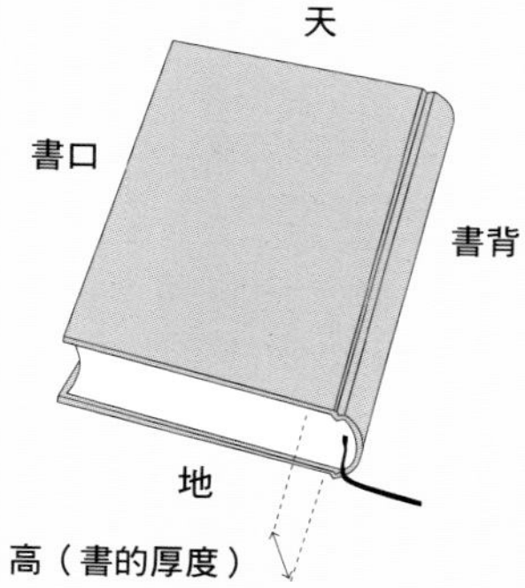

主要的裝訂種類

分為「精裝」、「平裝」與「軟精裝」

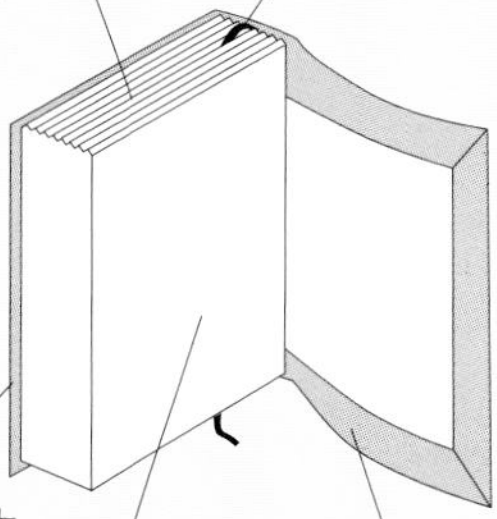

軟精裝
「天」的部分多不切齊（uncut）
封面
封面比內文大 2 ～ 3mm
內文與封面只有「書背」部分接合（大多不加內封）
封面用的是比較柔軟的紙（四邊可以往內折）

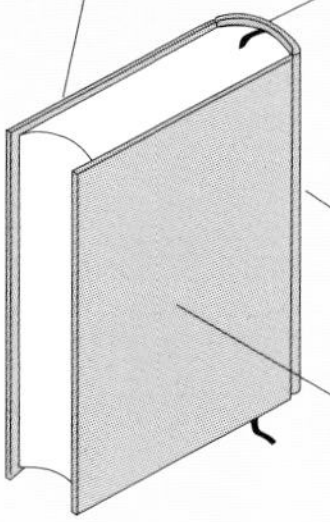

精裝
封面比內文大 3mm，露出的部分叫作「邊」
一般會加「書頭布」和「絲帶」（「絲帶」也可不加）
書背分為「圓背」和「方背」
硬殼封面

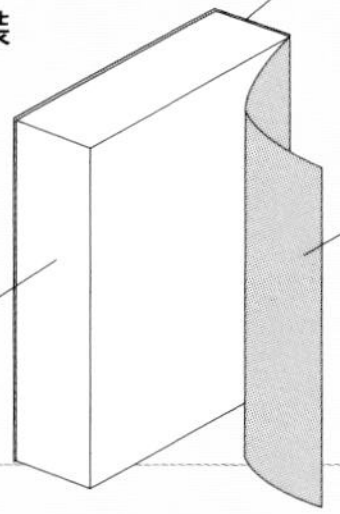

平裝
沒加「書頭布」但可加「絲帶」
封面用比較柔軟的紙
封面和內文一樣大

印刷

彩色印刷（Process4C）、特色（DIC）、燙金等組合。

• 彩色印刷——用 C（青）、M（洋紅）、Y（黃）、K（黑）等四種顏色的組合，呈現的一種印刷方式。

• DIC——針對 Process4C 很難呈現出來的顏色，特別調製出來的墨色。DIC 股份有限公司有專用的「DIC 色票」，依「DIC ＋色碼」分為各種顏色。

• 燙金——使用金、銀等箔片熨燙出來的一種印刷方法，呈現出來的質感非常好。

加工

大略分為 pp 上光與普通上光，又各分為亮面和霧面共四種。

• **PP 上光**——在印刷品的表面上熱壓上一層透明薄膜（Poly-Propylene Film）的加工方式。能夠提升印刷品的持久性與耐濕性，但比較無法表現出紙品的質感。ex. 亮面 PP 上光、霧面 PP 上光。

• **普通上光（樹脂上光）**——在印刷品表面上一層具有保護作用的透明上光液料。雖然相較於 PP 上光，持久性與耐濕性都比較差，卻能表現出紙品的質感。ex. 亮光、霧光。

關於內文下方的資料說明

＊本書所指的「印刷」若沒有特別說明，均為「平版印刷」的一種。

＊❓標示（？）的地方，意即不清楚當時的資料，只能依目前現有的資料說明。

＊精裝書和軟精裝，「書頭布」「絲帶」一欄所標示的●●為其相似色。

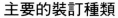

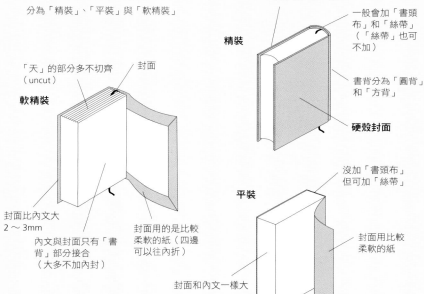

Suzuki Seiichi De

1 活用書名字體傳達意念

字體種類繁多，不同字體能傳達出「不一樣的語感」。
這一章列舉了一些如何活用、加工各種字體的例子。

矢崎葉子
タイ式
心のコリをほぐす、
タイ式人生の送り方
日本は儲かる！ と日本人相手の商売に賭けた5人のタイの若者たちが、
携帯電話と日本車とマイホームを夢見て繰り広げる、抱腹絶倒、奇想
天外、タイバーツ暴落にも懲りない成り上がり人生。不況に脅える日
本人をマッサージしてくれる、マイペンライ（大丈夫）ノンフィクション。

光看書名就知道是本關於泰國的書，內容也如書腰所述，所以我決定用最直接的方式來表現，那就是將日文書名摻入泰文風格。剛開始從事裝幀設計時，我常接到語言學方面的書，就是那種將少數語言匯集成冊的書，於是我將各國的「你好」套用各國文字風格做成立體文字，運用在裝幀設計上。在切好的balsa（模型用薄板）上著色，再放到塗上同樣顏色的紙上拍攝……。總之，就是照那時的感覺做做看。

矢﨑葉子《泰國式》	
太田出版｜1998年2月｜1600 日圓	
封面攝影｜佐貫直哉	

開本	128 ×188mm 四六判
裝幀	平裝 256頁

	用紙	印刷・加工
書衣	Mr.B 白 四六判直絲135kg	五色（四色印刷＋DIC620）｜亮面上光
書腰	NKベルネ Cream 四六判橫絲90kg	一色（DIC620）｜亮面上光
封面	新バフン紙 土色 四六判直絲180kg	一色（黑墨）
扉頁	ファサード sugar 四六判直絲120kg	無
書名頁	パティナ-S 茶色 L判橫絲75kg	一色（不透明白）

椎名誠
怒濤の編集後記
25歳の青年編集長は何を考えていたか—
業界誌「ストアーズレポート」から「本の雑誌」まで編集者シーナの生活と意見をどかんと30年！
編集後記

這是匯整椎名誠先生三十年來以《本の雜誌社》為首，刊載於各種雜誌上的編輯後記而成的書。個性木訥的椎名先生其實蠻幽默的，因此我的設計在於如何用文字表現他的個性，傳達他三十年來的編輯經驗。書法中有所謂的「臨摹」，我將字體設計成字帖的感覺，古書的厚實感搭配直線構成的字體應該蠻有趣的。因為書名叫《編輯後記》，於是也加進稿紙這元素囉。

椎名誠《怒濤的編輯後記》

本の雜誌社｜1998年10月｜1800 日圓

開本	128 ×188mm 四六判
裝幀	精裝圓背 256頁

	用紙	印刷・加工
書衣	リ・シマメ 白綠色 四六判直絲130kg	?二色（DIC527＋黑墨）｜霧面上光
書腰	リ・シマメ 白綠色 四六判直絲100kg	?一色（黑墨）｜霧面上光
封面	コットンライフ 黑色 四六判直絲112kg	?二色（不透明白 二次）
扉頁	コニーラップ 銀色 ハトロン判橫絲129.5kg	無
書頭布	7DJ（○伊藤信雄商店）	
絲帶	22（●伊藤信雄商店）	
書名頁	?ベルクール 白鼠色 四六判直絲95kg	?二色（DIC527＋黑墨）

僕は馬鹿になった。

ビートたけし詩集

ビートたけし

たけしさんは、すごく照れ屋なので、すぐ笑いの方向にもっていってしまうけれど、本当はやさしくて正直で真剣に生きていることを、みんな知っててそれでみんな、たけしさんのことを大好きなんだと思います。

さくら　ももこ

祥伝社
定価：本体1,200円＋税

北野武先生新創作的詩集。我將方正字體稍微加大、拉長，貼近書名「笨蛋」這字眼的感覺。正因為方正字體予人「剛正不阿」的感覺，所以刻意扭曲一下字體，呈現脱俗的微妙感。

北野武《北野武詩集 我成了笨蛋》

祥伝社｜2000年7月｜2100 日圓

開本	128 ×188mm 四六判
裝幀	地券紙封面方背 160頁

	用紙	印刷・加工
書衣	N新鳥の子 淺鼠色 四六判直絲110kg	三色（黑墨＋DICF133＋DICC103）｜亮面上光
書腰	N新鳥の子 淺鼠色 四六判直絲90kg	一色（黑墨）｜亮面上光
封面	N新鳥の子 淺鼠色 四六判直絲90kg	一色（黑墨）
扉頁	N新鳥の子 淺鼠色 四六判直絲90kg	無
書頭布	19C（●伊藤信雄商店）	
絲帶	28（●伊藤信雄商店）	
書名頁	N新鳥の子 淺鼠色 四六判直絲70kg	二色（黑墨＋DICC103）

掌にダイヤモンド
桜沢エリカ
Erica Sakurazawa
きみが大人になるために
必要なものすべて
用意してあげられる。
女子高生理子の
前に現れた
正体不明のお金持ち!

每天都會收到各家合作廠商的請款單，偶然發現有家業者的字跡非常特別。因為這本書是描述女高中生的故事，恰巧這字跡十分符合女高中生在筆記本上隨意塗鴉的感覺，於是請對方幫忙手寫書名、目錄和頁碼等。手寫字能看出一個人的個性與特質，非常有趣。

櫻澤惠理香《掌心的鑽石》

祥伝社｜1997年9月｜876 日圓

封面用圖｜作者

開本	128 ×188mm 四六判
裝幀	平裝 258頁

	用紙	印刷・加工
書衣	?OKミューズガリバー 自然色 四六判直絲110kg	四色印刷｜亮面上光｜燙銀一次（村田金箔 銀）
書腰	?ゴールデンアロー 雪白色 四六判直絲110kg	?二色（DIC197＋黑墨）｜亮面上光
封面	?ボンアイボリー＋ 四六判直絲19.5kg	?二色（DIC197＋DIC155）｜亮面上光
扉頁	?マイカレイド 朱赤色 四六判直絲110kg	無
書名頁	オフメタル 銀色 四六判直絲55kg	一色（黑墨）

邪魔
JAMA
Okuda Hideo
奥田英朗
狂おしいまでの孤独と自由。
奥田英朗は、やっぱり凄い。
始まりは、小さな放火事件にすぎなかった。
似たような人々が肩を寄せ合って暮らす都下の町。
手に入れたささやかな幸福を守るためなら、
どんなことだってやる——
講談社刊　定価：本体1900円(税別)
現実逃避の執念が暴走する
クライム・ノベルの傑作、ここに誕生!

描述買了一戶新宅的主婦努力克服各種麻煩事，守護家人的故事。我將房子擺在正中央，再壓上書名，顯示這戶人家強烈排斥與外界接觸，凸顯書名「邪魔」（妨礙）的意思。雖然封面圖和書名字體不是很突出，卻有股詭譎、不安感，這就是我想傳達的感覺。

奥田英朗《邪魔》	
講談社｜2001年4月｜1900 日圓	
封面攝影｜高橋和海	
開本	128 ×188mm 四六判
裝幀	精裝圓背 456頁

	用紙	印刷・加工
書衣	OKトップコートS 四六判直絲135kg	四色印刷｜霧面PP上光 燙黑一次（村田金箔 黑）
書腰	FB堅紙 亮白色 四六判直絲110kg	一色（黑墨）
封面	NTラシャ にぶ藤 四六判直絲100kg	一色（DICN915）
扉頁	紀州色上質 藤色 四六判橫絲 特厚口	無
書頭布	19C（●伊藤信雄商店）	
絲帶	66（●日本製紐）	
書名頁	ルミナカラー 黑 ハトロン判橫絲113.5kg	一色（消光黑墨）

クレイジー
泉京鹿＝訳
衛慧
泉京鹿＝訳
『上海ベイビー』を凌ぐ、
過激さと純愛
クレイジーであればあるほどいい。
平凡な人びととありきたりの生活に
抵抗する方法、それが「クレイジー」。
上海が生んだ世界的
大ベストセラー女性作家が描き出す
狂気、自由、堕落、色情、優美、欲望……
講談社

這是本中國女作家的小說，描述大時代一群反社會、反體制的年輕人的故事，背景相當於一九七〇年處於全共鬥時期的日本社會。因為故事背景在上海，所以就用上海的風景照來設計，再將字體刻意裁切、扭曲、交疊，營造一股喧鬧感，點出那時代的氛圍與作者想傳達的心情。附帶一提，因為沒有設計書腰，所以宣傳文案直接印在書衣上。

衛慧《像衛慧那樣瘋狂》（泉京鹿 譯）	
講談社｜2004年10月｜1600 日圓	
封面攝影｜海原修平	

開本	128 ×188mm 四六判
裝幀	精裝圓背 248 頁

	用紙	印刷・加工
書衣	OKスーパーエコプラス 四六判直絲110kg	四色印刷｜亮面上光
封面	エコラシャ 銀鼠色 四六判直絲100kg	一色（DIC650）
扉頁	エコラシャ 緋色 四六判直絲100kg	無
書頭布	73（●伊藤信雄商店）	
絲帶	8（○伊藤信雄商店）	
書名頁	エコラシャ 緋色 四六判直絲100kg	一色（黑墨）

ワルボロ
ゲッツ板谷
板
の震える心が伝わってくるようだ。どういうものをほんとうに友達と呼んでいいのかも、実感できる。ものすごく不器用になんだけれど、自分の言葉で書いてある小説だから、読むと自分も、お腹の底から自分だけの言葉がわきでてくるのがわかった。
もとばなな
幻冬舎
GENTOSHA
定価(本体1600円+税)
みんなワルくてボロかった。
でもそれがオレたちの“永遠”だった。殴り殴られ泣き笑う、土石流青春小説。

Gets 板谷《MATABORO》（幻冬舍）

Gets 板谷描述自己國中時期的自傳小説，因此書腰放上 Gets 先生國中時的照片，左邊那位就是本尊。書衣用的是制服般質感的紙（光看圖片可能感覺不出來），書名則是金色字體，猶如制服上綴著金釦般。最近出版的續集則讓 Gets 先生變身街頭小販，攤車上的布簾還寫著「烏賊燒」（笑），我可是買了一塊好大的布簾掛在事務所牆上拍照呢。

Gets 板谷《WARUBORO》

幻冬舍｜2005年9月｜1600 日圓

封面攝影｜作者的私人照片

開本	128 ×188mm 四六判
裝幀	精裝圓背 504頁

	用紙	印刷・加工
書衣	タントセレクトTS-1 N-9 四六判直絲130kg	一色（黑墨）｜霧面上光二次 重度燙金一次（村田金箔 消光金 No.102）
書腰	ミラーコートゴールド 菊判橫絲93.5kg	四色印刷｜亮面上光二次
封面	タントセレクトTS-1 R-5 四六判直絲100kg	一色（DIC503）
扉頁	FB堅紙 白 四六判直絲110kg	無
書頭布	48R（●伊藤信雄商店）	
絲帶	22（●伊藤信雄商店）	
書名頁	Mr.A 灰白色 四六判直絲90kg	二色（黑墨＋DIC639）

ひなた

一組のカップル、一組の夫婦、
そして一人の男の物語

さらけださない、人間関係

吉田修一

芥川賞受賞直後、JJという舞台で著者が試みたこと 光文社

雖然是本描寫日常生活的小説，平淡卻有新趣，所以我試著用「平淡中見新意」的感覺來表現「向陽處」這樸實又開朗的書名。攝影師安村崇先生有本名為《日常光景》的攝影作品集，都是拍些博多人偶、廚房、電器等生活用品。透過安村先生的鏡頭來看這些再平常不過的東西，竟有種強烈對比感，恰巧與這本小説的風格十分相似。書名字體也是採對比設計，有別於《向陽處》的溫暖感，呈現制式冷漠的感覺。

吉田修一《向陽處》

光文社｜2004年1月｜1400 日圓

封面攝影｜安村崇

開本	128 ×188mm 四六判
裝幀	精裝圓背 252 頁

	用紙	印刷・加工
書衣	OKスーパーエコプラス 四六判直絲135kg	四色印刷｜亮面上光
書腰	ゴールデンアロー 白 四六判直絲110kg	二色（黑墨＋DIC160）｜亮面上光
封面	エコラシャ 純白 四六判直絲100kg	一色（DICN806）
扉頁	エコラシャ 生成色 四六判直絲100kg	無
書頭布	10DJ（◎伊藤信雄商店）	
絲帶	22（●伊藤信雄商店）	
書名頁	ゴールデンアロー 白 四六判直絲90kg	一色（DICN806）

川島蓉子
伊勢丹な人々
売れない時代を、いとも簡単に泳ぎ切る。
武器はトンガッた感性と熱意だ。
売るのは、時代の物語。
私の売り場を、
ブランドにしたい！
日本経済新聞社　定価（本体1500円＋税）

以販售名牌精品聞名的伊勢丹百貨，大樓外觀只簡單地掛上「伊勢丹」這塊響亮店招。看完原稿後才發現，原來在這間時尚又貴氣的百貨公司裡工作的人們，每天都得絞盡腦汁發想點子，思索如何推陳出新才能捉住顧客的心。所以我大膽地將書名設計成充滿人情味，帶點庸俗感的字體，近似伊勢丹的「伊」字商標，予人專業感……。書名字體和封面、書腰的線條感，呈現強烈的對比與平衡。

川島蓉子《伊勢丹的人們》

日本経済新聞社｜2005年5月｜1500 日圓

封面攝影・資料提供｜伊勢丹

開本	128×188mm 四六判
裝幀	精裝圓背 216頁

	用紙	印刷・加工
書衣	OKミューズガリバーしろもの 白S 四六判直絲135kg	四色印刷｜亮面上光
書腰	OKミューズガリバーしろもの 白S 四六判直絲110kg	一色（DICF29）
封面	OKミューズガリバーしろもの 白S 四六判直絲110kg	一色（DICF29）
扉頁	エコラシャ 黑 四六判直絲100kg	無
書頭布	6R（○伊藤信雄商店）	
絲帶	15（●伊藤信雄商店）	
插頁	ニューエイジ 四六判直絲90kg	四色印刷

It Don't Mean a Thing,
If It Ain't Got That Enjoy
Asakura Kasumi
朝倉かすみ
エンジョイしなけりゃ意味ないね
That's "OL" Entertainment!!
ふかくうなずき、おどろき、わらい、ほろっとなける――ザッツ・オーエル・エンターテイメント!!
コントみたいだ、と思う。
そして、ショー・マスト・ゴー・オン！
辞めるまで、舞台から降りることはできない。
Show Must Go On!
GENTOSHA 幻冬舎
定価（本体1400円＋税）

這是一本描述輕熟女粉領族生活的短篇小説集。想以女高中生流行的手機貼來設計書名字體，既醒目又華麗。於是我買了一堆手機貼，請助理在設定好的字體上自由發揮，再拍下來。但也有人反應：「花到有點看不出來是什麼字」……。

朝倉香澄《不懂得享受就沒意義了》

幻冬舍｜2008年11月｜1400 日圓

封面攝影｜高橋和海

開本	128 ×188mm 四六判
裝幀	精裝圓背 216頁

	用紙	印刷・加工
書衣	OKトップコートS 四六判直絲110kg	四色印刷｜亮面PP上光
書腰	クラシコトレーシング A本判橫絲74kg	一色（黑墨）
封面	色上質 桜 四六判橫絲特厚口	一色（DIC26）
扉頁	色上質 桜 四六判橫絲特厚口	無
書頭布	21R（◎伊藤信雄商店）	
絲帶	2（◎伊藤信雄商店）	
書名頁	シャインフェイス 四六判直絲90kg	一色（DIC26）

あ・じゃ・ぱん!
上
新潮社版 定価：本体2400円（税別）
ニッポンって何なんだ!?
戦後分断された東西日本の統合をめぐる
壮大な偽日本史!
矢作俊彦
東西日本
同時発売
構想七年、二千枚
の大作、遂に完成!

這是本描述近未來扭曲的日本社會的科幻小說，書名是我的手寫字。若是用平常習慣的方式來寫，怕玩不出什麼新意，所以我刻意用左手寫，再反過來確認是否看得出是什麼字。之所以想到這招，全是為了迎合「哎呀！」這個充滿無力感的書名。中間那個像硬幣的東西（虛構的日本國徽），是我拜託模型迷朋友幫忙做的。其實日本一直給人帶點共產主義的印象。

矢作俊彥《哎呀！》上冊

新潮社｜1997年11月｜2400 日圓

模型製作｜牧野卓・題字｜鈴木成一・封面攝影｜髙橋和海

開本	148×210mm A5判
裝幀	精裝圓背 440頁

	用紙	印刷・加工
書衣	Mr. B 白 四六判直絲135kg	四色印刷｜亮面上光
書腰	❼ハイピカE2F 金色 四六判直絲95kg	❼二色（不透明白＋DICN272）
封面	新シリアルペーパー 大豆色 四六判直絲100kg	一色（黑墨）
扉頁	NBリサイクル 白 四六判直絲100kg	無
書頭布	❼19C（●伊藤信雄商店）	
絲帶	❼7（●伊藤信雄商店）	
書名頁	まんだら じゅんぴ 四六判直絲薄口 ＊4頁貼合	❼正面一色（DIC237）｜反面一色（DIC237）

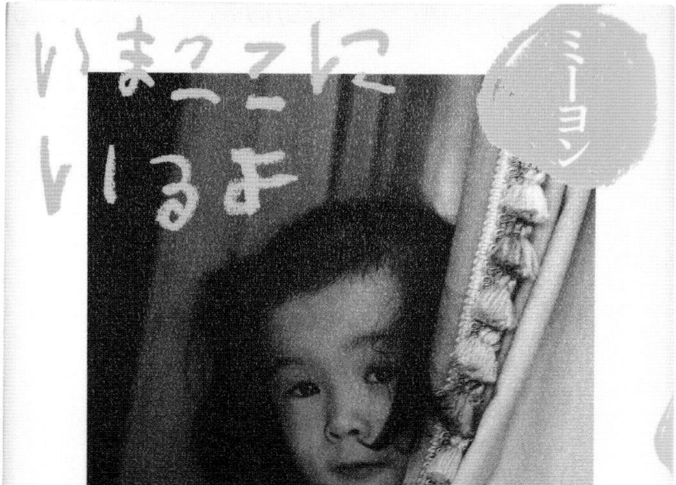
いまここに
いるよ
ミーヨン
おとなと
子どもを
行き来する
おとなになってみないと
わからないもの、
子どもでないと
感じられないものを、
おたがいにもらい合い、
世界をひろげてゆく――
幼い日々の
感性を呼び
覚ますエッセイと
2歳児たちの
ポートレート
偕成社

作者MIYON與孩子生活點滴的隨筆圖文書。書名是我兒子的手寫字，右邊那坨圓圓的東西是當時年僅五歲的他，寫錯後塗擦的痕跡，我想乾脆留下來，擺上作者名，營造封面像是這個小孩隨筆塗鴉的感覺。

MIYON《我現在在這裡哦！》

偕成社｜2003年11月｜1200 日圓

封面攝影｜作者・題字｜鈴木佳一

開本	130×180mm 四六判變形
裝幀	精裝方背 168頁

	用紙	印刷・加工
書衣	OKミューズガリバーしろもの 自然色 四六判直絲110kg	四色印刷｜霧面PP上光
書腰	OKミューズガリバーしろもの 自然色 四六判直絲110kg	一色（DICG34）｜霧面PP上光
封面	NTラシャ 山吹 四六判直絲100kg	一色（DICF82）
扉頁	OKミューズガリバーしろもの 象牙色 四六判直絲110kg	無
書頭布	3R（◯伊藤信雄商店）	
絲帶	70（◯伊藤信雄商店）	
書名頁	OKミューズガリバーしろもの 自然色 四六判直絲90kg	一色（DICF82）

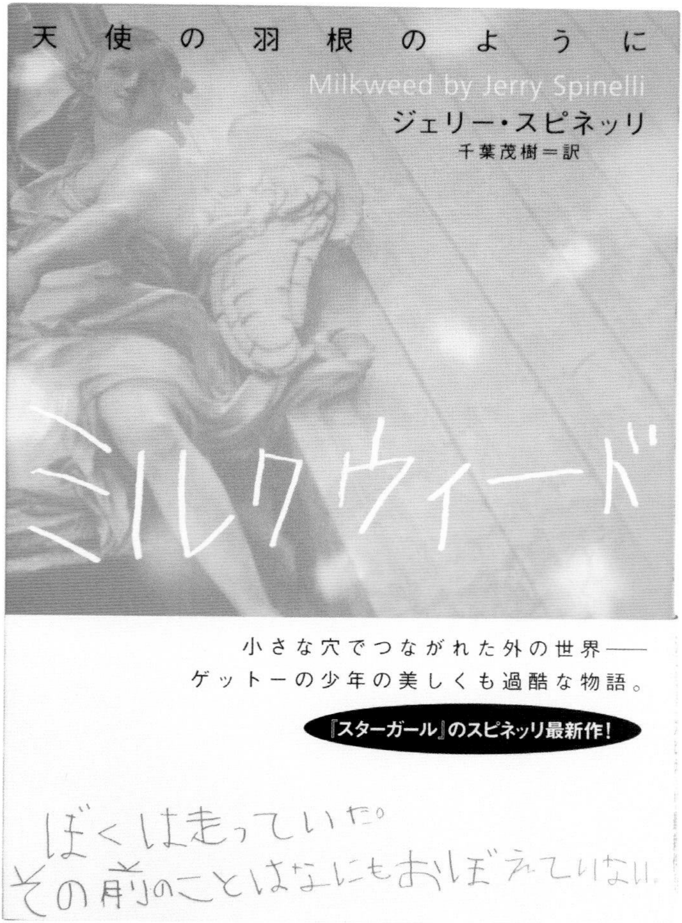
天使の羽根のように
Milkweed by Jerry Spinelli
ジェリー・スピネッリ
千葉茂樹＝訳
ミルクウィード
小さな穴でつながれた外の世界——
ゲットーの少年の美しくも過酷な物語。
『スターガール』のスピネッリ最新作！
ぼくは走っていた。
その前のことはなにもおぼえていない。

書名也是我兒子的手寫字。講的是一個悲慘少年的故事，我兒子剛好和主角的年紀差不多，便讓當時才六歲的他幫忙手寫書名和文案。手寫字會反映一個人的性格與生命力，總覺得手寫字比起印刷體更「吸睛」，這就是我喜歡運用手寫字的理由。

Jerry Spinelli《Milkweed》（千葉茂樹 譯）	
理論社｜2004年9月｜1380 日圓	
封面攝影｜TATSUHIKO SHIMADA / amana images・題字｜鈴木佳一	
開本	128×182mm B6判
裝幀	平裝 320頁

	用紙	印刷・加工
書衣	OKミューズガリバーしろもの 白S 四六判直絲110kg	四色印刷｜霧面PP上光
書腰	ニューエイジ 四六判直絲110kg	二色（黑墨＋DIC162）｜霧面上光
封面	NTラシャ 黃色 四六判直絲210kg	一色（DIC162）
扉頁	NTラシャ 黃色 四六判直絲100kg	無
書名頁	NTラシャ 白 四六判直絲100kg	一色（DIC165）

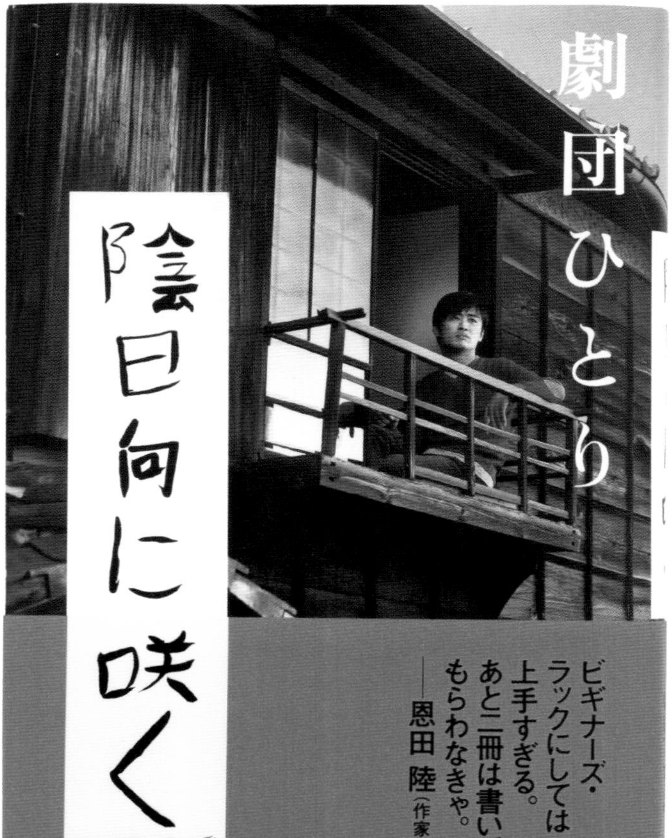
劇団ひとり
陰日向に咲く
ビギナーズ・ラックにしては上手すぎる。あと二冊は書いてもらわなきゃ。
——恩田 陸（作家）
衝撃の小説デビュー！
落ちこぼれたちの哀しいまでの純真を、愛と笑いで包み込んだ珠玉の連作小説
幻冬舎
定価（本体1400円＋税）

這是我兒子第一次邊參照一旁我寫的範本，邊在我的叮嚀下：「試著照這樣寫寫看」完成的，沒想到一次就搞定，完全符合我想要的感覺，不需要做任何加工……。雖然字體感覺很純真，但整體設計還是得表現出這本小說的中心思想。封面圖設定為主角最後回到已逝老婆婆住居的情景，攝影師特地走訪根津一帶，順利找到這棟民宅。

劇團一人《向著夕陽綻放》

幻冬舍｜2006年1月｜1400 日圓

封面攝影｜野口博（FLOWERS）· 題字｜鈴木佳一

開本	128×188mm 四六判
裝幀	精裝圓背 224頁

	用紙	印刷 · 加工
書衣	OKスーパーエコプラス 四六判直絲135kg	四色印刷｜亮面上光
書腰	OKスーパーエコプラス 四六判直絲110kg	二色（黑墨＋DICN722）｜亮面上光
封面	OKスーパーエコプラス 四六判直絲110kg	四色印刷｜亮面上光
扉頁	エコラシャ 乳白色 四六判直絲100kg	無
書頭布	27DJ（●伊藤信雄商店）	
絲帶	22（●伊藤信雄商店）	
書名頁	OKスーパーエコプラス 四六判直絲90kg	四色印刷

カフカ

KAFKA CLASSICS IN COMICS

西岡兄妹 構成・作画

フランツ・カフカ著

池内紀訳

斬新で、大胆で、かつ、あくまでも正確なカフカ文学の「翻訳」。柴田元幸

モンキーブックス

『変身』ほか、不朽の名作を完全コミック化!!

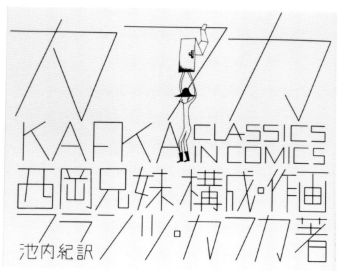

我於文藝雜誌《monkey business》創刊時擔任美術指導，當時西岡兄妹的作品就在上面連載。這本書的內容如同書腰文案，西岡兄妹以漫畫重新詮釋文學名著《卡夫卡》。西岡兄妹的畫筆世界本來就極富魅力，不需多餘的設計，所以我毫不猶豫地用他們的漫畫作為封面，讓設計成為西岡兄妹作品中的一部分。

西岡兄妹／佛朗茲・卡夫卡《卡夫卡》（池内紀 譯）

villagebooks｜2010年4月｜1400 日圓

封面用圖｜西岡兄妹

開本　148×210mm A5判

裝幀　平裝 176頁

	用紙	印刷・加工
書衣	OKプリンス上質 A判橫絲70.5kg	一色（黑墨）｜霧面PP上光
書腰	OKプリンス上質 A判橫絲70.5kg	二色（黑墨＋DIC197）｜霧面上光
封面	OKプリンス上質 四六判橫絲180kg	一色（黑墨）｜霧面上光
扉頁	OKプリンス上質 A判橫絲70.5kg	無

談志最後の落語論

「談志 最後の三部作」第一弾!

人間というものの業、
知性でも理性でも
どうにもならないもの、
世間では"よくない"と
いわれているもの。
それらを肯定し、
寄席という空間で
演じられてきたのが
落語である。

梧桐書院

這系列的第二本最近剛出版，而這本是立川談志先生新作三部曲的第一本。我覺得再也沒有比書名《談志最後的落語論》更搶眼的文句，因此也就沒必要畫蛇添足了。設計方面能做的，就是盡可能直接、強烈、清楚地傳達。

立川談志《談志 最後的落語論》		開本	128×188mm 四六判
梧桐書院｜2009年11月｜1800 日圓		裝幀	精裝方背 232頁

	用紙	印刷・加工
書衣	OKスーパープラスター7C 四六判直絲135kg	四色印刷｜霧面上光
書腰	ハーフエア 軟木色 四六判直絲110kg	二色（黑墨＋DIC200）｜霧面上光
封面	OKトップコートS 四六判直絲110kg	四色印刷｜亮面PP上光
扉頁	色上質 黑 四六判橫絲特厚口	無
書頭布	19C（●伊藤信雄商店）	
絲帶	22（●伊藤信雄商店）	
書名頁	ハーフエア 棉花色 四六判直絲70kg	二色（黑墨＋DIC200）

2 活用插圖

活用插圖的裝幀設計。

主要是委託插畫家繪製封面圖，表現一本書的特色。

金持ち父さん
貧乏父さん
アメリカの金持ちが教えてくれるお金の哲学
Rich Dad, Poor Dad:
What The Rich Teach Their Kids About
ロバート・キヨサキ
＋
公認会計士
シャロン・レクター
白根美保子＝訳
この本がいま、世界中の人々の"お金観"を変える!
アメリカで200万部!
韓国で50万部! 中国で???万部!
日本でも100万部突破!
筑摩書房 定価(本体価格1600円＋税)

我對投資沒什麼興趣，只好憑書名思考如何設計。純粹只是將「有錢」與「貧窮」做個對比，沒什麼特殊想法。或許就是因為這樣，才讓人覺得這款封面嗅不到銅臭味，不太像財經方面的書……搞不好有加分作用呢（笑）。委託插畫家長崎訓子小姐繪製封面圖，她的畫風有著深厚的世界觀，獨樹一格的特質。感謝許多人幫忙，才能順利完成這本書的裝幀設計，不過沒想到這本書這麼暢銷就是。

Robert T. Kiyosaki, Sharon L. Lechter
《富爸爸，窮爸爸》（白根美保子 譯）
筑摩書房｜2000年11月｜1600 日圓
封面用圖｜長崎訓子

開本	148×210mm A5判
裝幀	平裝 288頁

	用紙	印刷・加工
書衣	OKミューズガリバーしろもの 象牙色 四六判直絲135kg	四色印刷｜霧面PP上光
書腰	OK新カイゼル Cream 四六判直絲110kg	二色（黑墨＋DICN972）
封面	OKミューズカイゼル 芥茉黃 四六判直絲210kg	一色（DICN952）
扉頁	OKミューズガリバーしろもの 象牙色 四六判直絲110kg	無
書名頁	OK新カイゼル 白 四六判直絲90kg	二色（黑墨＋DICN798）

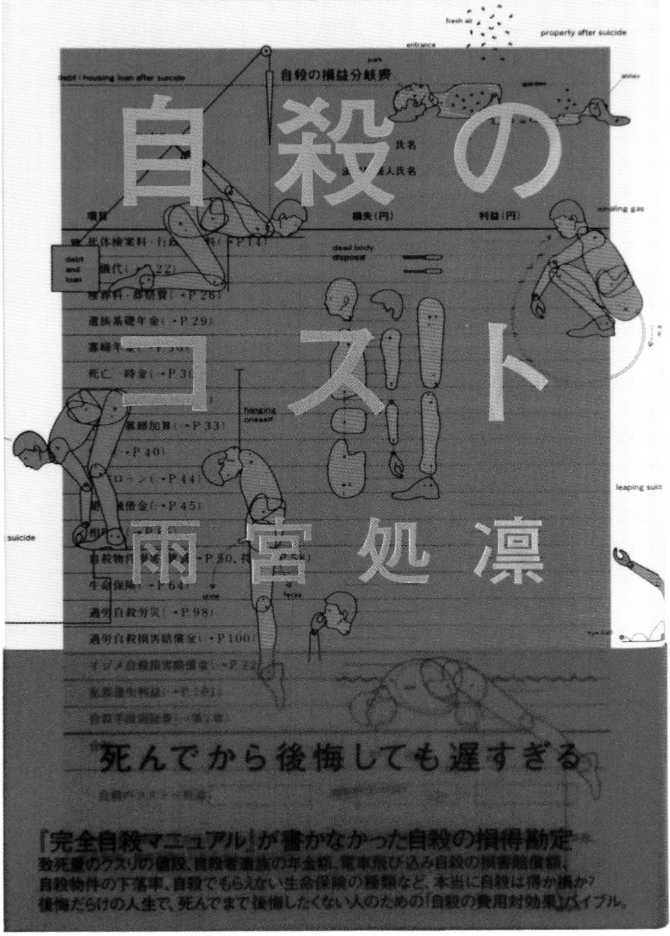
property after suicide
debit / housing loan after suicide
自殺の損益分岐表
自殺のコスト
inhaling gas
dead body disposal
hanging oneself
leaping suicide
雨宮処凛
死んでから後悔しても遅すぎる
『完全自殺マニュアル』が書かなかった自殺の損得勘定
致死量のクスリの値段、自殺者遺族の年金額、電車飛び込み自殺の損害賠償額、
自殺物件の下落率、自殺でもらえない生命保険の種類など、本当に自殺は得か損か?
後悔だらけの人生で、死んでまで後悔したくない人のための「自殺の費用対効果」バイブル。

封面圖是寄藤文平先生的插畫。因為這本書是講各種自殺方式所產生的成本，於是寄藤先生想到以紙板人偶為主題，利用人偶的彎曲、伸展、分解等動作，呈現一種巧妙的酷感。記得那時收到寄藤先生傳來的插畫時，我還嚇了一跳呢。畢竟他的畫風一向予人圓潤、溫暖的感覺，沒想到會是風格如此迥異的作品……。真實、詼諧，又帶點嘲諷意味，靈活表現出如此晦暗的題材，吸睛效果十足。加上這本書簡單易懂，肯定是本話題之作。

雨宮處凜《自殺的成本》

太田出版｜2002年2月｜1200 日圓

封面用圖｜寄藤文平

開本	128×188mm 四六判
裝幀	平裝 240頁

	用紙	印刷・加工
書衣	OKエコプラス 牛奶色 四六判直絲110kg	三色（黑墨＋DICF240 印刷二次）｜霧面PP上光 燙金一次（村田金箔 消光金 No.108）
書腰	クロマティコ 紅色 640×920mm橫絲59kg	一色（黑墨）
封面	OKエコプラス 牛奶色 四六判直絲170kg	二色（DICF240 印刷二次）
扉頁	タント-V V-52 四六判直絲100kg	無
書名頁	タント-V V-52 四六判直絲100kg	一色（黑墨）

車谷長吉
愚か者
畸篇小説集
お前も勉強しないで、あそんでいると、
くるまたにさんみたいになってしまうよ。
生きることの修羅と恥辱。赤裸の私小説31篇。
ISBN4-04-873556-X
C0093 ¥1800E
9784048735568
1920093018005
角川書店
定価:本体1800円(税別)

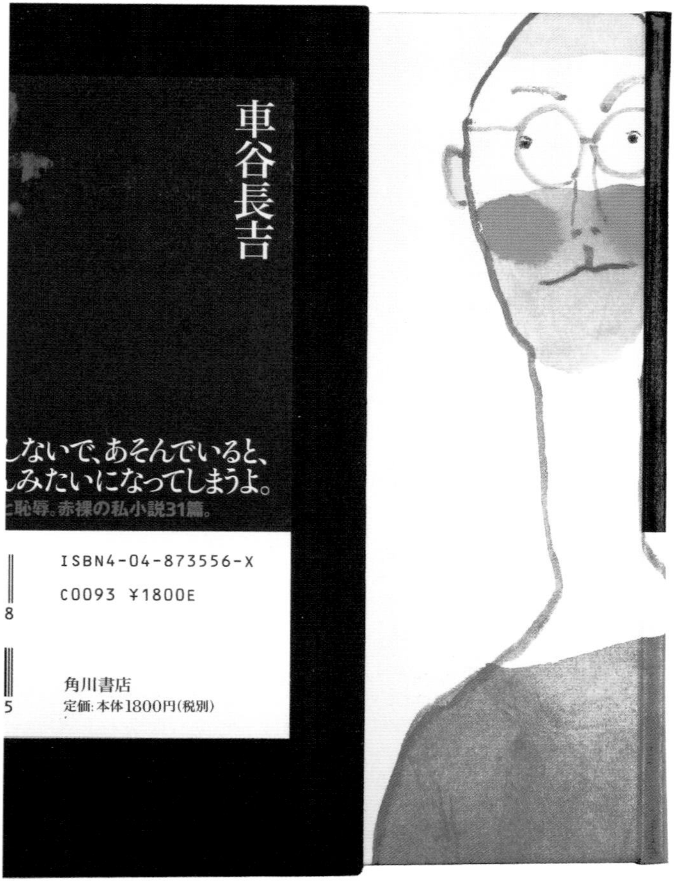
車谷長吉
しないで、あそんでいると、
んみたいになってしまうよ。
と恥辱。赤裸の私小説31篇。
ISBN4-04-873556-X
C0093 ¥1800E
8
5
角川書店
定価:本体1800円(税別)

這本是委託知名插畫家村上豐先生題字與繪圖，而且設計成要拿出裝在書盒裡的書，才看得到封面圖。起初並沒有打算設計書盒，但看到村上先生風格強烈的插畫時，才想說稍微隱藏一下，如此像連環畫劇那般充滿驚奇感，應該蠻有趣吧。為了襯托搶眼的書名字體，整體採黑底設計，更能凸顯封面的辛辣文案，擺在書店平台上肯定很醒目。因為加上書盒後，成本偏高，所以文案直接印在書盒上，並貼上標示定價和條碼的貼紙。

車谷長吉《愚者──畸篇小說集》	
角川書店｜2004年9月｜1800 日圓	
封面用圖・題字｜村上豊	
開本	128×188mm 四六判
裝幀	精裝方背 144頁｜書盒

	用紙	印刷・加工
書盒	GAファイル Charcoal gray 四六判直絲450kg	軋型
題簽	OKミューズガリバーしろもの 白S 四六判直絲110kg	二色（DIC525＋DIC582）｜霧面上光
封面	OKミューズガリバーしろもの 白S 四六判直絲110kg	四色印刷｜霧面PP上光
扉頁	ビオトープGA Porto black 四六判直絲90kg	無
書頭布	19C（●伊藤信雄商店）	
絲帶	22（●伊藤信雄商店）	
書名頁	ビオトープGA 棉花白 四六判直絲90kg	二色（DIC525＋DIC582）

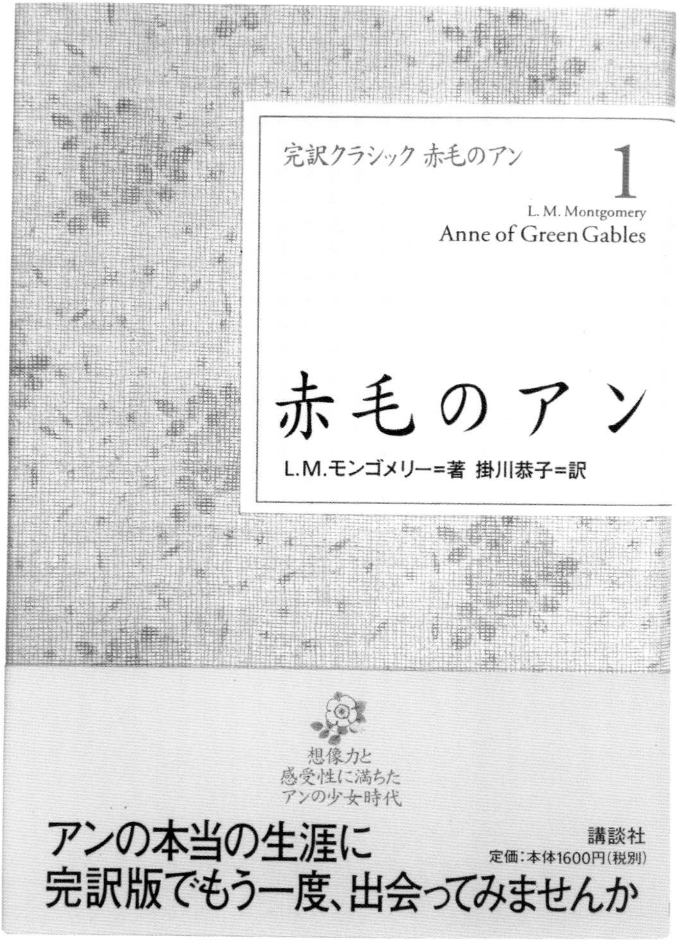
完訳クラシック 赤毛のアン
1
L. M. Montgomery
Anne of Green Gables
赤毛のアン
L.M.モンゴメリー=著 掛川恭子=訳
想像力と
感受性に満ちた
アンの少女時代
アンの本当の生涯に
完訳版でもう一度、出会ってみませんか
講談社
定価:本体1600円(税別)

《經典翻譯文學名著 清秀佳人》系列2～4冊（講談社）

這系列一共有十冊，想要統一設計成壁紙的感覺，於是委託石橋富士子小姐為每一冊設計不同花色，再用電腦做出織品般的效果。《清秀佳人》這套經典名著早已出過許多版本，所以不想再用插圖來表現。基於書也是一種家具的概念，希望設計成讓人家想收藏，也就是珍藏版的感覺。書名部分刻意設計得有點凹陷，再平整地貼上白紙。雖然這樣的設計頗費工，卻讓整本書更有質感。

L・M・Montgomery《清秀佳人》（掛川恭子 譯）

講談社｜1999年5月｜1600 日圓｜全十冊

封面用圖｜石橋富士子

開本	128×188mm 四六判
裝幀	軟精裝 320頁｜書衣貼上題簽

	用紙	印刷・加工
書衣	コットンライフ 象牙色 四六判直絲146kg	四色印刷｜打凹一次｜亮面上光
題簽	ニューラグリン 雪白色 四六判直絲90kg	❷二色（DIC304＋黑墨）｜亮面上光
書腰	ラグリンクラシック 自然色 四六判直絲90kg	❷二色（DIC196＋黑墨）｜亮面上光
封面	NTほそおりGA 白 四六判直絲210kg	❷一色（DIC304）｜亮面上光
扉頁	ラグリンクラシック Cream 四六判直絲112kg	無
書名頁	ニューラグリン 象牙色 四六判直絲90kg	❷二色（DIC304＋黑墨）

グッドラックららばい
平安寿子
Taira Azuko
Good Luck
Lullaby
バラバラだって大丈夫。家族は他人の始まりだから。
モラルと常識を笑い飛ばす、書下ろしネオ・ファミリー・ロマン　講談社 定価：本体2000円(税別)
プチ家出から何年も戻ってこない母
ダメ男に貢ぐのが趣味の姉
まあ、いいじゃないかと
様子見の父
立身出世に
猛進する妹

這本書是由突然離家出走的母親、不知所措的父親，還有一對姊妹花，交織而成的故事。我嘗試以簡約的風格來表現新型態的家族關係，於是委託 Kusanagi Shinpei 先生繪製封面。當我看到畫中那片廣闊天空，便想到女兒思念母親的心情，以及母女之間的疏離感，那正是我想傳達的感覺。一般都是將插圖印在書衣上，再配上寫有文案的書腰，但這次我將書腰尺寸設計得大一點，印上插圖與文字，讓書衣也就是圖上方留白，營造無垠天際的感覺。

平安壽子《GOOD LUCK LULLABY》

講談社｜2002年7月｜2000 日圓

封面用圖｜Kusanagi Shinpei

開本	128×188mm 四六判
裝幀	平裝 412 頁｜大折口封面｜本文天不裁切

	用紙	印刷・加工
書衣	OKエコプラス 自然色 四六判直絲110kg	一色（黑墨）｜霧面PP上光
書腰	OKエコプラス 自然色 四六判直絲90kg	四色印刷｜霧面PP上光
封面	OKエコプラス 自然色 四六判直絲170kg	一色（DICF294）
扉頁	OK再生コットン 白 四六判直絲90kg	無
絲帶	18（●日本製紐）	
書名頁	OK再生コットン 白 四六判直絲73kg	正面一色（DICF294）｜反面一色（黑墨）

宗教が往く
松尾スズキ
matsuo Suzuki

封底

連載時，就是由松尾先生的朋友高野華生瑠先生繪製插圖，因此結集成冊時，當然還是請他繪製封面。為了呼應我想設計成繪卷的感覺，完成了一幅寬 20cm × 長 80cm 的圖，還將原本的白色背景塗成金色，看起來更華麗。有別於一般水墨畫，運用金色與黑色的組合，凸顯「宗教」的詭異感，表現本書闡述的獨特世界觀。不過光是塗成金色這道程序就非常麻煩……我想實際看到書時，應該不難想像吧。

松尾SUZUKI《宗教行》

MAGAZINE HOUSE｜2004年3月｜1800 日圓

封面用圖｜高野華生瑠

開本	130×188mm 四六判
裝幀	平裝 432頁

	用紙	印刷・加工
書衣	OKトップコートS 四六判直絲135kg	二色（黑墨＋DIC620）｜霧面PP上光
		燙金一次（村田金箔 金 No.26）
書腰	スーパーコントラスト 超黑 四六判直絲100kg	一色（DIC620）
封面	OK白ポスト 四六判直絲220kg	二色（黑墨＋DIC620）｜霧面上光
扉頁	OKトップコートS 四六判直絲110kg	封面裡、封底裡、空白頁二色（黑墨＋DIC620）
		本文對向面一色（DIC188）
書名頁	色上質 黑 四六判橫絲中厚口	正反面各一色（DIC620）

活発な暗闇
江國香織編
江國香織が選んだ、
とびきり美しく力強い
詩をどうぞ——
いそっぷ社 定価[本体1600円+税]

封面

這本是江國小姐的詩集，委託米增由香小姐繪製封面。雖然畫風比較消極，但技巧相當出色，十分契合書名。這本書也有設計書盒，封面印得是正常的圖，書盒則是印反過來的圖，藉以呈現消極與積極的對比感，凸顯人們心中晦暗的一面。

江國香織《活潑的黑暗》

いそっぷ社｜2003年4月｜1600 日圓

封面用圖｜米增由香

開本	130×180mm 四六判
裝幀	平裝 166頁｜書盒

	用紙	印刷・加工
書盒	セルモアGA 冷白 四六判直絲110kg	四色印刷｜霧面上光｜與黑卡紙貼合
書腰	パミス 白 四六判直絲100kg	一色(黑墨)｜霧面上光
封面	セルモアGA 冷白 四六判直絲180kg	四色印刷｜霧面上光
扉頁	ビオトープGA Berry red 四六判直絲90kg	無
書名頁(章名頁等三處)	セルモアGA 冷白 四六判直絲90kg	四色印刷

The Wind of Washington Heights Yamamoto Ichiriki
ワシントンハイツの
旋風(かぜ)
山本一力
ひたむきに働く。
ひたむきに恋をする。
それが、昭和の青春！
山本一力、最初で最後の現代小説は、
あの頃への憧憬を、ありったけ。
講談社

山本一力先生是知名的時代小説家，這本是他的青春自傳小説。作者二十幾歲時，曾在代代木公園附近一間叫「華盛頓公寓」的前美軍宿舍打工，委託木內達朗先生繪製的封面圖，就是描繪那時的風景，重現東京市區的美式風情。木內先生的畫風就像開了一扇窗，帶你遨遊到另一個國度，有種獨特的酷感，所以由他操刀再適合不過了。

山本一力《華盛頓公寓旋風》	
講談社｜2003年11月｜1600 日圓	
封面用圖｜木内達朗	

開本	128×188mm 四六判
裝幀	精裝方背 352 頁

	用紙	印刷・加工
書衣	ビオトープGA 棉花白 四六判直絲120kg	四色印刷｜霧面上光
書腰	ビオトープGA 棉花白 四六判直絲90kg	二色（黑墨＋DIC204）｜霧面上光
封面	ビオトープGA 自然白 四六判直絲90kg	一色（黑墨）
扉頁	色上質 橘色 四六判橫絲特厚口	無
書頭布	87（●伊藤信雄商店）	
絲帶	22（●伊藤信雄商店）	
書名頁	里紙 生成色 四六判直絲70kg	二色（DIC99＋DIC204）

ブレイブ・ストーリー
宮部みゆき
BRAVE STORY
上
『模倣犯』から2年。
日本中が
待ちわびていた
感動の最新長編。
宮部みゆき
ワールドの
新たな地平を
切り拓く、
壮大なる
愛と勇気の
冒険
ファンタジー！

下冊

描述少年能自由穿梭現實世界與異世界的奇幻小說，也就是表面與裡面不同的世界觀，所以上下集的封面構圖一樣，左右卻相反。委託伊藤瞳小姐繪製的封面圖，散發一股不可思議感。聽編輯說發行文庫版時，會分成上、中、下三冊，只好要求伊藤小姐用粉紅色這個中間色來表現（笑）。

宮部美幸《勇者物語》上冊

角川書店｜2003年3月｜1800 日圓

封面用圖｜伊藤瞳

開本	132×188mm 四六判
裝幀	軟精裝 640頁

	用紙	印刷・加工
書衣	OKスーパーエコプラス 四六判直絲135kg	四色印刷｜霧面樹脂上光 燙金一次（村田金箔 消光金 No.101）
書腰	OKムーンカラー 白 四六判直絲F-90	二色（黑墨＋DIC619）
封面	里紙 楮色 四六判直絲170kg	二色（黑墨＋DICN782）
扉頁	OKミューズコットン 淺黃色 四六判直絲118kg	無
絲帶	28（●伊藤信雄商店）	
書名頁	OKムーンカラー 白 四六判直絲F-90	一色（DIC619）

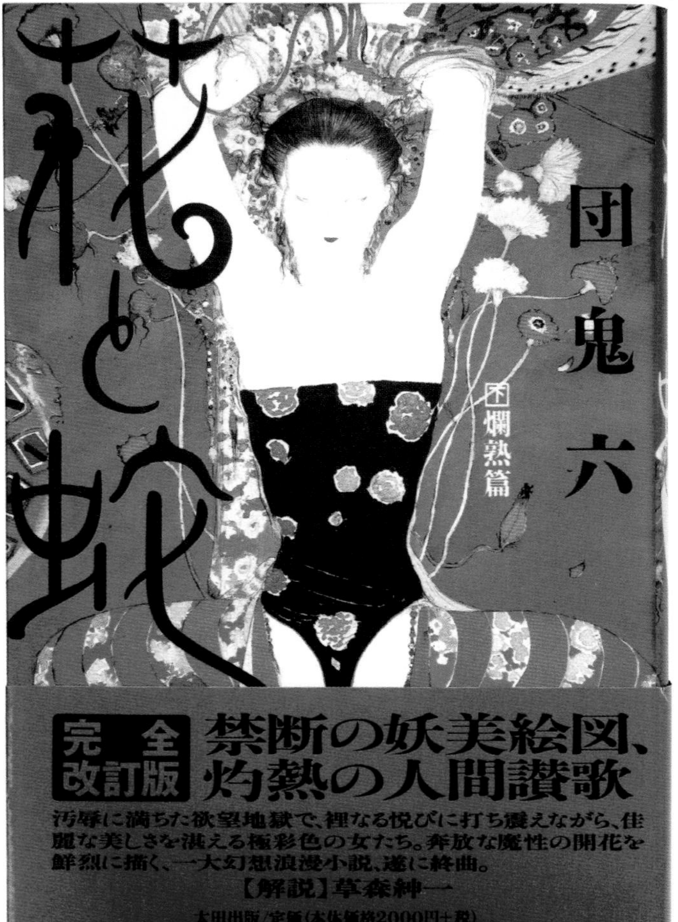
花と蛇
団鬼六
下 爛熟篇
完全改訂版
禁断の妖美絵図、
灼熱の人間讃歌
汚辱に満ちた欲望地獄で、裡なる悦びに打ち震えながら、佳麗な美しさを湛える極彩色の女たち。奔放な魔性の開花を鮮烈に描く、一大幻想浪漫小説、遂に終曲。
【解説】草森紳一
太田出版/定価(本体価格2000円+税)

上冊（右）與中冊（左）

這本描述SM的小說，是團鬼六先生的創作。記得拿到天野喜孝先生的封面圖時，真的是嚇了一跳呢……因為根本沒向他說明，他便精準抓住我想要的感覺，天野先生的功力果然不是蓋的。這套小說分為上、中、下三冊，最後一本的綠色超搶眼，現在看來還是魄力十足。

團鬼六《花與蛇》下冊
太田出版｜1993年3月｜1800 日圓
封面用圖｜天野喜孝

開本	125×185mm 四六判變形
裝幀	平裝 560頁

	用紙	印刷・加工
書衣	NKベルネ 白 四六判直絲135kg	四色印刷｜霧面PP上光
書腰	❓OKトップコートS 四六判直絲110kg	❓二色（黑墨＋DIC638）
封面	❓ボンアイボリー 四六判直絲22.5kg	❓一色（DIC638）
扉頁	タントN-53 四六判直絲100kg	無
書名頁	タントN-1 四六判直絲100kg	一色（DIC621）

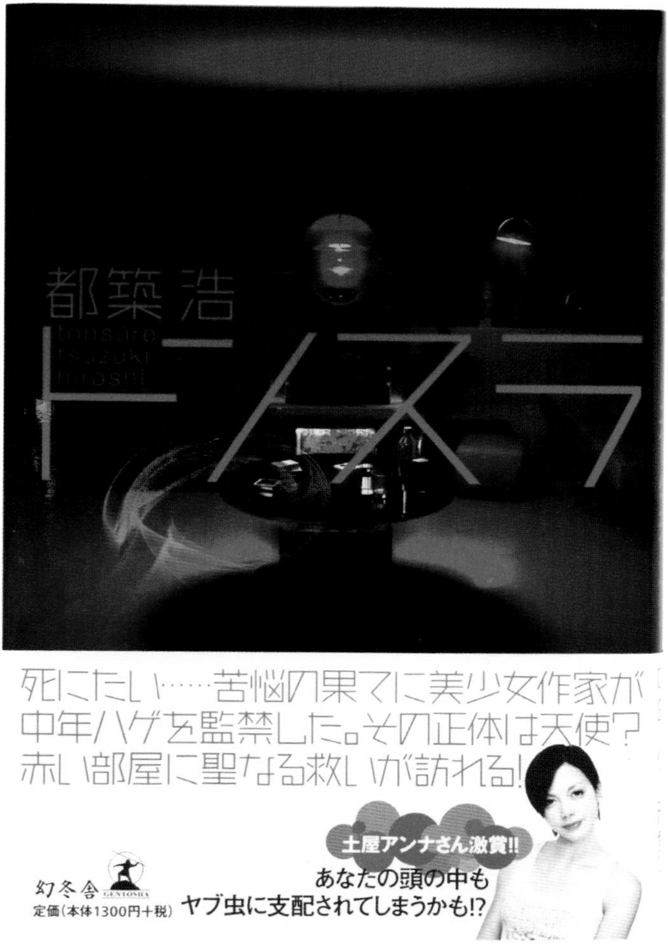
都築 浩
tonsura
tsuzuki
hiroshi
トンスラ
死にたい……苦悩の果てに美少女作家が
中年ハゲを監禁した。その正体は天使？
赤い部屋に聖なる救いが訪れる！
土屋アンナさん激賞!!
あなたの頭の中も
ヤブ虫に支配されてしまうかも!?
幻冬舎
GENTOSHA
定価（本体1300円＋税）

描述美少女作家將中年編輯監禁在自家房間的小說。運用電腦繪圖精密呈現瀰漫菸味，全是紅色物品的女主角房間，連煙的效果都做得很逼真，電腦繪圖真是項神奇的技術啊！因為無論是形體、角度、照明、家具的質感等，都得精準呈現，所以直到定稿為止，著實耗費不少心力呢。

都築浩《剃度》
幻冬舍｜2006年5月｜1300 日圓
封面用圖（CG）｜桑原大介

開本	128×188mm 四六判
裝幀	精裝方背 192頁

	用紙	印刷・加工
書衣	OKトップコートS 四六判直絲110kg	四色印刷｜亮面PP上光
書腰	OKトップコートS 四六判直絲110kg	四色印刷｜亮面上光
封面	エコラシャ 深紅色 四六判直絲100kg	一色（黑墨）
扉頁	エコラシャ 深紅色 四六判直絲100kg	無
書頭布	25R（●伊藤信雄商店）	
絲帶	42（●伊藤信雄商店）	
書名頁	エコラシャ 深紅色 四六判直絲100kg	一色（黑墨）

松宮宏
こいわらい

松宮宏《矛盾的亦藏》（MAGAZINE HOUSE）

曾在雜誌上看過ena小姐的插畫，印象十分深刻。她那俐落鮮明的畫風用來表現身為武術高手，個性尖銳的女主角，再適合不過了。書名字體也帶點時代小說感，呈現比試時的恢弘氣勢。兩本設計風格相同，不過另一本的書名《矛盾的亦藏》，還真叫人一頭霧水呢（笑）。

松宮宏《戀笑》	
MAGAZINE HOUSE｜2006年10月｜1500 日圓	
封面用圖｜ena	

開本	130×188mm 四六判
裝幀	平裝 288頁

	用紙	印刷・加工
書衣	OKトリニティ 四六判直絲110kg	二色（黑墨＋DIC584）｜霧面PP上光｜UV 加工（高厚透明色）
書腰	OKトリニティ 四六判直絲110kg	一色（DIC91）｜亮面上光
封面	ボンアイボリー＋ 四六判直絲22.5kg	一色（黑墨）｜霧面上光
扉頁	色上質 黑 特厚口	無
書名頁	OKトリニティ 四六判直絲90kg	一色（DIC621）

子供の頃、空想家だった
自分を思い出す。
目に見える物しか
信じられなくなってしまった
大人への切ない物語。
——歌手・古内東子

この物語は21世紀の
『星の王子さま』だ。
——シドニータイムズ

ポビーとディンガン

Pobby and Dingan by Ben Rice
Translation by Hiromi Amagai

ベン・ライス＝著
雨海弘美＝訳

這本小說曾改拍成電影，描述少女凱莉安有兩個分別叫作帕比和丁肯的好朋友，但他們都是凱莉安虛構出來的人物。有一天帕比和丁肯突然失蹤了，凱利安的哥哥為了拯救悲傷過度，健康日益惡化的妹妹，拚命尋找帕比他們。我委託插畫家酒井駒子小姐繪製封面，酒井小姐恐怕是第一次接到這樣的case吧。不虧是當紅插畫家，精準表達出這本小說的意念，令人折服。一般書名都會打在封面圖上，但這次當然不能這麼做囉（笑）。保留一點空間才不會破壞整體氛圍。

Ben Rice《凱莉安的隱形朋友》（雨海弘美 譯）	
ARTIST HOUSE｜2000年12月｜1200 日圓	
封面用圖｜酒井駒子	

開本	128×188mm 四六判
裝幀	精裝方背 168頁

	用紙	印刷・加工
書衣	OKミューズガリバーしろもの 白S 四六判直絲135kg	四色印刷｜霧面上光
書腰	OK新カイゼル Cream 四六判直絲110kg	二色（黑墨＋DICF246）
封面	OKミューズカイゼル 煉瓦色 四六判直絲120kg	一色（黑墨）
扉頁	OKミューズカイゼル 煉瓦色 四六判直絲120kg	無
書頭布	53C（●伊藤信雄商店）	
絲帶	22（●伊藤信雄商店）	
書名頁	OK新カイゼル 白 四六判直絲90kg	一色（DICF100）

くうねるところ
すむところ
安全
ようこそ、姫。
素晴らしき
土建屋の世界へ
30歳にして人生どん詰まりの梨央。一目惚れしたとび職を追いかけて飛び込んだ工務店では、亭主に逃げられた女社長がぶち切れ寸前。なにがなんだか大混乱。それでも家は建てなきゃいけない。だって、お仕事なんだもん。
Taira Asuko
kūnerutokoro
sumutokoro
平安寿子
文藝春秋刊
定価（本体1667円＋税）

原本是個平凡粉領族的女主角，因緣際會進入建設公司工作，和女社長一起打拼的故事。河野紋子小姐堅持讀完小說才繪製。雖然畫風稍嫌可愛了點，但頭戴安全帽的三十世代女性卻呈現有趣的不協調感，散發一股菜鳥的天真，飄逸的筆觸也很有味道。這例子印證了光用一張插圖便能表現自己想要的設計風格，也是裝幀設計的一個有趣要素。

平安壽子《柳暗花明又一村》

文藝春秋｜2005年5月｜1667 日圓

封面用圖｜河野紋子・封面題字｜片岡朗

開本	128×188mm 四六判
裝幀	精裝方背 288頁

	用紙	印刷・加工
書衣	OKスーパープラスターC 四六判直絲110kg	四色印刷｜霧面PP上光
書腰	OKスーパープラスターC 四六判直絲110kg	二色（黑墨＋DIC2305）｜霧面上光
封面	OKスーパープラスターC 四六判直絲110kg	四色印刷｜霧面上光
扉頁	OKミューズコットン 白綠色 四六判直絲90kg	無
書頭布	20C（●伊藤信雄商店）	
絲帶	41（●伊藤信雄商店）	
書名頁	OK再生コットン 白 四六判直絲73kg	正面一色（DIC2305）｜反面一色（DIC206）

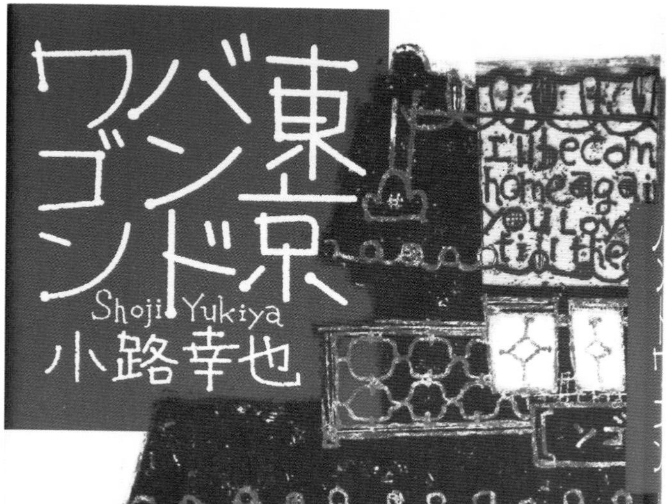
東京バンドワゴン
Shoji Yukiya
小路幸也
おせっかいで、うっとうしくて、面倒くさい
それでも家族、
やっぱり家族。
ページをめくれば、
うるさいくらいの「おかえり」が待っています。
話題沸騰!
大重版!
下町ラブ&ピース小説
集英社
定価1890円 本体1800円

敘述老街一間二手書店的大家庭故事。委託銅板畫家安藤弘美小姐繪製封面圖，安藤小姐的銅版畫充分表現出這本小說散發的庶民風格，感覺就像「時間到了喔」、「寺內貫太郎一家」等，以前一些描述老街風情的連續劇。平面的樸實感更能凸顯傳統的堅持，這就是版畫的魅力。看到這樣的圖，自然會想搭配那樣的文字，才不會破壞這張圖營造出來的視覺效果……感覺裝幀設計就像結合文字，創作另一幅圖似的。

小路幸也《東京Bandwagon》
集英社｜2006年4月｜1800 日圓
封面用圖｜安藤弘美

開本	131×188mm 四六判
裝幀	精裝方背 280頁

	用紙	印刷・加工
書衣	OKミューズカリ 高白色 四六判直絲110kg	四色印刷｜霧面PP上光
書腰	里紙 菜花色 四六判直絲100kg	一色（DIC528）
封面	里紙 生成色 四六判直絲100kg	一色（DIC519）
扉頁	ビオトープGA 森林綠 四六判直絲90kg	無
書頭布	27DJ（●伊藤信雄商店）	
絲帶	44（●伊藤信雄商店）	
書名頁	ビオトープGA Berry red 四六判直絲90kg	一色（黑墨）

ドミノ
迫りくるタイムリミット もつれあう28のマトリクス
必死の思いでかけまわる人々が 入り乱れぶつかりあって
倒れ始めたドミノはもう、
誰にも止められない!!
恩田陸

書中登場人物介紹頁

封底

這本小說的登場人物多達三十幾人，在骨牌效應的牽引下，東京車站一帶越來越混亂，陷入空前危機……。SENGAJIN 先生繪製的封面圖（描繪東京車站一帶），精細程度令人嘆為觀止，我看到時，忍不住驚嘆：「太厲害了！」內文一開始有登場人物介紹，這些書裡出現的人物也混在封面圖中，就像尋找 Wally（英國兒童益智書籍的主角，讀者在人群中尋找特定的人物 wally，來訓練觀察力。）一樣，有興趣的人不妨找找看，測試一下自己的眼力。

恩田陸《骨牌效應》

角川書店｜2001年7月｜1400 日圓

封面用圖｜SENGAJIN

開本	128×188mm 四六判
裝幀	精裝方背 344頁

	用紙	印刷・加工
書衣	ジャンフェルト 絹色 四六判直絲130kg	二色（黑墨＋DIC353）｜霧面上光
書腰	タント N-58 四六判直絲100kg	二色（黑墨＋DIC353）｜霧面上光
封面	OKエコプラス 自然色 四六判直絲110kg	二色（黑墨＋DIC353）｜霧面上光
扉頁	タント D-61 四六判直絲100kg	一色（黑墨）
書頭布	69DJ（●伊藤信雄商店）	
絲帶	32（●伊藤信雄商店）	
書名頁	ビオトープGA Moss green 四六判直絲90kg	一色（黑墨）

キャッチャー・イン・ザ・オクタゴン
須藤元気
マイアミで開催される格闘技イベント「EGFC」に出場することが決まった一人の青年。その運命や、いかに——?
定価(本体1300円+税) 幻冬舎
GENTOSHA
須藤元気という元格闘家の青春は、こんな感じだったのだ、きっと。(著者談)
奇才、初の小説! 書き下ろし

我試著在須藤元氣先生這本自傳小說的封面設計上，將所謂的精神世界與格鬥的態度相結合，展現須藤先生的個人風格。插畫家是須藤先生介紹的，不但封面圖放得很大，書名字體也很大。封面圖的線條部分採燙金處理，直接壓在黑色字體上，所以封面圖和書名都很搶眼。可惜開本不夠大，發揮的空間有限。

須藤元氣《catcher in the octagon》

幻冬舍｜2008年11月｜1300 日圓

封面用圖｜池田孝友

開本	128×188mm 四六判
裝幀	精裝方背 192頁

	用紙	印刷・加工
書衣	OKスーパープラスター7C 四六判直絲110kg	四色印刷｜霧面PP上光｜燙銀一次（村田金箔 銀）
書腰	OKスーパープラスター7C 四六判直絲110kg	二色（黑墨＋DIC621）｜霧面上光
封面	OKスーパープラスター7C 四六判直絲110kg	一色（DIC621）｜霧面PP上光
扉頁	OKスーパープラスター7C 四六判直絲110kg	無
書頭布	73（◎伊藤信雄商店）	
絲帶	27（●伊藤信雄商店）	
書名頁	OKスーパープラスター7C 四六判直絲90kg	一色（DIC621）

恐るべき
最高傑作

直木賞受賞後初の書き下ろし長編1000枚　　講談社

因為工作的關係，我常逛畫廊。有一次在日本橋的SHOW畫廊，看到年僅二十一歲的藝術家MASAKO小姐的作品，備受衝擊，心想有機會一定要找她合作。這本小說描寫母女之間那種相互傷害，又相互依賴的關係，是個很適合她發揮的主題。然而畫家不同於插畫家，創作的目的不是為了營生，難免過於藝術。尚在討論階段時，MASAKO小姐一共畫了三十張有上色的草稿，我再從中挑選一張最適合的來用。書名字體設計成如同底片上的文字，但實際看起來卻像點狀文字，本想表現「群像」的意象……不過好像感受不太到的樣子（笑）。

櫻庭一樹《家族群像》

講談社｜2008年11月｜1700 日圓

封面用圖｜MASAKO

開本	132×188mm 四六判
裝幀	精裝方背 520頁

	用紙	印刷・加工
書衣	OKスーパープラスター7C 四六判直絲135kg	四色印刷｜亮面上光
書腰	OKトップコートS 四六判直絲110kg	一色（黑墨）｜亮面上光
封面	OKスーパープラスター7C 四六判直絲110kg	四色印刷｜亮面上光
扉頁	OKスーパープラスター7C 四六判直絲110kg	無
書頭布	27DJ（●伊藤信雄商店）	
絲帶	39（●伊藤信雄商店）	
書名頁1	クラシコトレーシング 788×546mm 直絲36.5kg	一色（DICN874）
書名頁2	ビオトープGA Berry red 四六判直絲60kg	無

道徳という名の少年
桜庭一樹
愛する
その「手」に
抱かれて
わたしは
天国を見る。
エロスと、魔法と、
あふれる音楽!!
直木賞作家がおくる、
甘美な滅びの物語集。
角川書店

以櫻庭一樹先生最擅長的非道德題材，彙編而成的短篇小說集。其實很早就接了這個case，但一直找不到合適的封面圖。忘了到底向櫻庭先生推薦過多少人選，直到某天我去逛藝術博覽會時，在MIZUMA ART GALLERY展區發現野田仁美小姐的作品，不由得眼睛一亮，隨即請對方提供更詳細的資料，當下便覺得野田小姐不按牌理出牌的畫風，十分符合非道德的感覺，櫻庭先生也爽快答應，希望能儘快欣賞到野田小姐的作品。相信她的畫作絕對能吸引讀者進入耽美倒錯的世界。

櫻庭一樹《名叫道德的少年》	
角川書店｜2010年5月｜1300 日圓	
封面用圖｜野田仁美	

開本	128×188mm 四六判
裝幀	精裝方背 128頁

	用紙	印刷・加工
書衣	きらびき 白 HG-110四六判直絲	二色（黑墨＋DIC156）｜亮面上光 燙金一次（村田金箔 P7-70）
書腰	OKトップコートマットN 四六判直絲110kg	二色（黑墨＋DIC156）｜霧面上光
封面	エコラシャ 黑 四六判直絲100kg	一色（不透明白）
扉頁	エコラシャ 黑 四六判直絲100kg	無
書頭布	25R（●伊藤信雄商店）	
絲帶	22（●伊藤信雄商店）	
書名頁	OKミューズパール 純白 四六判直絲95kg	二色（DIC156＋DIC2495）

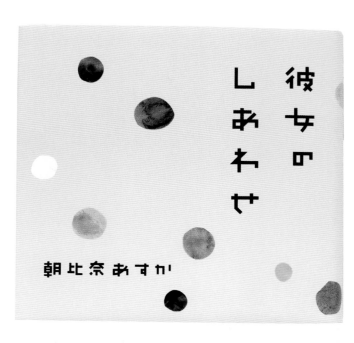

透過三姊妹與母親的人生選擇，探討女性的幸福觀。本來想以母女四人的模樣作為插圖，但編輯並不喜歡這樣的想法，希望主題能更鮮明一點，於是委託 qp 先生繪製封面圖。qp 先生擅長以客觀角度描繪日常生活與人體，風格獨特又有趣。這次除了用到他的新作品外，也從他巨大的拼貼作品中選出圖來使用。看似簡單的點狀構圖，其實是設計的基本功。光就大小、色調等元素做單純的配置，便能讓空間產生節奏感、趣味與情感，充滿故事性。

朝比奈明日香《她的幸福》
光文社｜2010年5月｜1500 日圓
封面用圖｜qp

開本　128×188mm 四六判
裝幀　精裝方背 252頁

	用紙	印刷・加工
書衣	OKスーパープラスター7C 四六判直絲135kg	四色印刷｜亮面上光
書腰	OKスーパープラスター7C 四六判直絲110kg	一色（DIC495）｜亮面上光
封面	OKスーパープラスター7C 四六判直絲200kg	一色（DIC495）
扉頁	色上質 黑 四六判橫絲 特厚口	無
書頭布	64（●伊藤信雄商店）	
絲帶	2（◎伊藤信雄商店）	
書名頁	OKスーパープラスター7C 四六判直絲90kg	二色（DIC434＋DIC234）

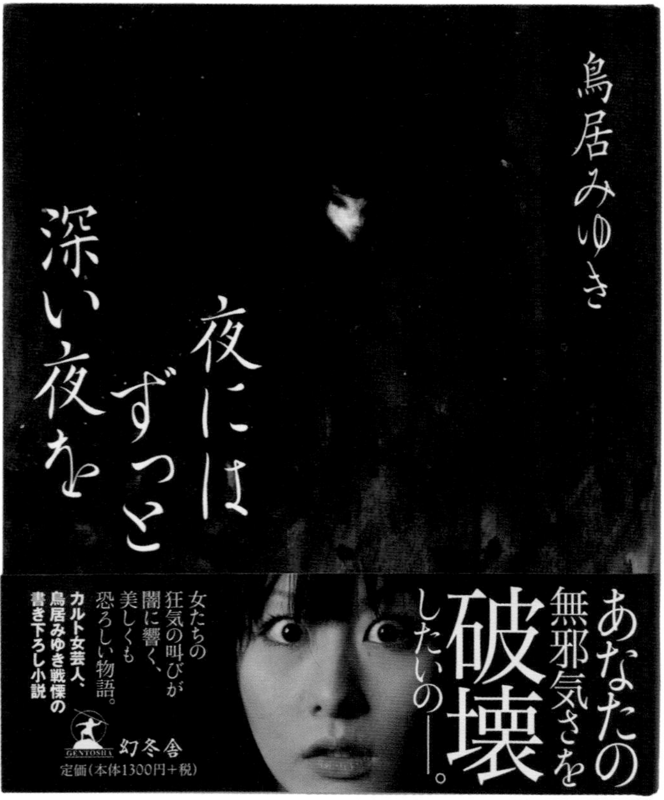
鳥居みゆき
夜にはずっと深い夜を
あなたの無邪気さを破壊したいの——。
女たちの狂気の叫びが闇に響く、美しくも恐ろしい物語。
カルト女芸人、鳥居みゆき戦慄の書き下ろし小説
GENTOSHA 幻冬舎
定価（本体1300円＋税）

印象中，鳥居小姐是位以自虐方式，昇華女人的妄想、自卑和強烈慾望的搞笑藝人，所以這本書想要表達的東西也是這樣嗎？後來看到她在綜藝節目的演出，對於她那純粹敏銳的觀察力，大感驚訝，也被她逗得很開心。讀了原稿後，更覺得她是位不凡的表演者。於是委託之前就想合作的版畫家重野克明先生繪製封面圖，果然完美呈現我想要的感覺，成功詮釋既耽美又激進的鳥居世界。

鳥居美雪《深沉的夜》

幻冬舍｜2009年8月｜1300 日圓

封面用圖｜重野克明

開本	128×160mm 四六判變形
裝幀	精裝方背 176頁

	用紙	印刷・加工
書衣	OKミューズガリ 高白色 四六判直絲110kg	四色印刷｜霧面PP上光
書腰	OKトップコートS 四六判直絲110kg	四色印刷｜亮面上光
封面	ビオトープGA Porto black 四六判直絲90kg	一色（Peacock不透明油墨 POF1311） 亮面上光
扉頁	OKミューズガリ 高白色 四六判直絲110kg	四色印刷
書頭布	26DJ（●伊藤信雄商店）	
絲帶	36（●伊藤信雄商店）	
書名頁	クロマティコ 紅色 640×920mm橫絲59kg	一色（Peacock不透明油墨 POF1311） 亮面上光

JAPANESE DESIGNER SERIES
SEIICHI SUZUKI
DEHARA YUKINORI 2006

3 由讀後感發想設計

這單元選了幾個與作品具體內容無關，而是閱讀作品時，心中感受到的東西，或是腦海中浮現的模糊印象，然後根據這些第一印象發想設計的例子。

白夜行
ひゃくやこう
東野圭吾
偽りの昼に太陽はない。
さすらう魂の大叙事詩。
集英社 定価1995円 本体1900円
集英社 長編エンタテインメント

接這案子時，編輯已經準備好封面要用的圖片了。用的是知名攝影師瀨戶正人的作品，我想這張老街風情十足的黑白照片，拍的應該是月島一帶吧。但和我在讀這本書時的印象完全連結不起來……。我直覺應該用黃色來表現，而且書名要燙白。我覺得用「記憶」的感覺來表現，會比小說裡出現的具體場景更適合，也就是盡可能除去、削弱真實性，而與「記憶」有所連結。我嘗試以照片為底，用黃色、灰色和茶色等三種顏色製版，加上朦朧效果，改變照片原來的風格。

東野圭吾《白夜行》

集英社｜1999年8月｜1900 日圓

封面攝影｜ 瀨戶正人

開本	131×188mm 四六判
裝幀	精裝圓背 512頁

	用紙	印刷・加工
書衣	NKラスティ 自然色 四六判橫絲135kg	四色（DICG100＋DICN811＋DICC153＋黑墨） 霧面上光｜燙白一次（村田金箔 P7-白）
書腰	FB堅紙 白 四六判直絲110kg	一色（DICG100）
封面	ハンマートーンGA 白 四六判直絲130kg	二色（DICC153 印刷二次）
扉頁	NTラシャ 水淺蔥色 四六判直絲100kg	無
書頭布	24C（●伊藤信雄商店）	
絲帶	1（○伊藤信雄商店）	
書名頁	NKラスティ 自然色 四六判橫絲90kg	二色（DICC153 印刷二次）

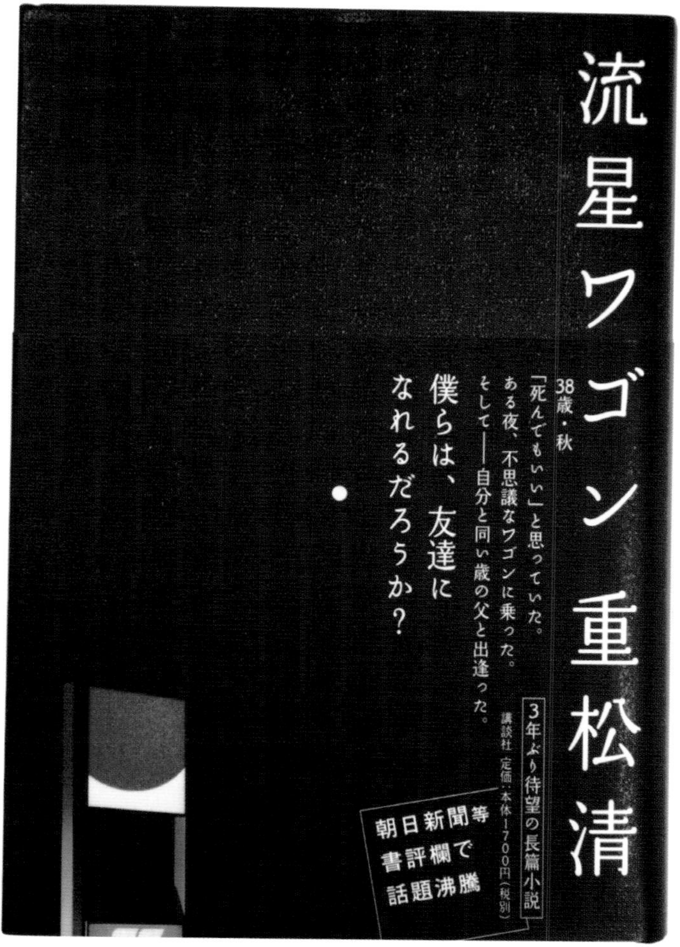
流星ワゴン
重松清
3年ぶり待望の長篇小説
講談社　定価：本体1700円（税別）
「死んでもいい」と思っていた。
ある夜、不思議なワゴンに乗った。
そして——自分と同い歳の父と出逢った。
38歳・秋
僕らは、友達に
なれるだろうか？
朝日新聞等
書評欄で
話題沸騰

描述男主角開著「旅行車」穿越時空的故事。翻閱原稿時，不自覺地想像車子在漆黑夜晚奔馳的光景……不用真的開車，也能想像這般感覺吧。封面是高橋和海先生拍攝加油站招牌的作品，中間還有一輪明月。我將月亮放在正中央，象徵通往異次元世界的指標。

重松清《流星休旅車》

講談社｜2002年2月｜1700 日圓

封面攝影｜ 高橋和海

開本	128×188mm 四六判
裝幀	精裝圓背 392頁

	用紙	印刷・加工
書衣	OKミューズガリバーしろもの 白S 四六判直絲110kg	四色印刷｜霧面PP上光
書腰	OKミューズガリバーしろもの 白S 四六判直絲110kg	四色印刷｜霧面PP上光
封面	NTラシャ 黑 白S 四六判直絲100kg	一色（不透明白）
扉頁	NTラシャ 黑 四六判直絲100kg	無
書頭布	13C（◎伊藤信雄商店）	
絲帶	50（●伊藤信雄商店）	
書名頁	OKミューズガリバーしろもの 自然色 四六判直絲90kg	二色（黑墨＋DIC2485）

最悪
奥田英朗
SAI-AKU
Okuda Hideo
なぜ人は平凡な日常から堕ちていくのか？
犯罪に追いつめられる
人間の心理を驚嘆の筆力で
あますところなく描く
1999年の話題作!
講談社刊 定価:本体2000円(税別)
零細工場主と恐喝常習者が
「人生の敗け組」という
運命に唾を吐いた。
とてつもない新人が放つ
比類なき犯罪小説

因為故事背景是在鐵路穿過的小鎮，封面當然是用鐵路照片囉。這張是我在學生時代拍攝的。下北澤的本多劇場樓上是住家，從頂樓走廊往下看，就是這般遼闊的景象，還能看到從新宿開來的小田急線。經過各種加工處理後，決定加一條與鐵路對稱的紅色斜線，看起來像個「X」記號，呼應書名「最惡」這字眼。奧田先生的另一本著作《邪魔》的封面設計，也是將平凡的日常風景經過特殊處理後，呈現反差效果。

奧田英朗《最惡》	開本	128×188mm 四六判
講談社｜1999年2月｜2000 日圓	裝幀	精裝圓背 400頁
封面攝影｜鈴木成一		

	用紙	印刷・加工
書衣	❷OKトップコートS 四六判直絲110kg	❷二色（DIC547＋黑墨）｜霧面PP上光 燙黑一次（村田金箔 黑）
書腰	ゴールデンアロー 白 四六判直絲110kg	一色（黑墨）｜亮面上光
封面	里紙 鼠色 四六判直絲100kg	一色（黑墨）
扉頁	NKマットカラー 灰色 四六判直絲110kg	無
書頭布	19C（●伊藤信雄商店）	
絲帶	22（●伊藤信雄商店）	
書名頁	ルミナカラー 黑 ハトロン判橫絲113.5kg	一色（消光黑墨）

村上龍
共生虫
講談社　定価：本体1500円（税別）
http://www.kyoseichu.com/
一人の引きこもりの青年が体内に共生虫を飼っている
「…絶滅をプログラミングされた種は、共生虫の終宿主となる。ある種が自ら絶滅をプログラミングするということは、生態系の次の段階を準備するということでもある。例えば恐竜の絶滅は次の生命環境のために　つまり次代の全生物の共生のために不可欠だった。共生虫は、自ら絶滅をプログラミングした人類の、新しい希望とも言える。共生虫を体内に飼っている選ばれた人間は、殺人・殺戮と自殺の権利を神から委ねられているのである（本文より）」
村上龍最新長篇小説

描述青年因為體內有蟲，將自己關在家裡，完全不與外界接觸的故事。要想具體繪出這麼一個故事，實在不太可能，所以我想到用印刻的方式表現出搜尋藏在體內微小物的感覺。首先，在厚壓克力板上劃幾道直線，然後塗上顏料，趁顏料還沒乾時，趕緊拍下來。但拍下來的畫像蠻粗糙的，得先用增感的方式沖洗底片，營造出粗顆粒影像的質感。書名部分採用所謂的熱溶印刷（Thermography，又稱熱浮凸印刷），也就是用白墨層層堆砌，像被半透明薄膜覆住般的印刷技術，彷彿隱約瞧見棲宿在體內的東西……散發叫人毛骨悚然的氣息。

村上龍《共生虫》

講談社｜2000年3月｜1500 日圓

封面攝影｜髙橋和海

開本	128×188mm 四六判
裝幀	精裝圓背 296頁

	用紙	印刷・加工
書衣	OKミューズガリバーしろもの 白S 四六判直絲110kg	四色印刷｜霧面PP上光｜白墨熱浮凸印刷一次
書腰	ニューラグリン 雪白色 四六判直絲 90kg	❷一色（DIC199）
封面	OKミューズガリバーしろもの 白S 四六判直絲110kg	四色印刷｜霧面PP上光
扉頁	OKミューズガリバーしろもの 象牙色 四六判直絲110kg	無
書頭布	3R（◯伊藤信雄商店）	
絲帶	1（◯日本製紐）	
書名頁	エスプリカラー Cream 四六判橫絲90kg	二色（黑墨＋不透明白）

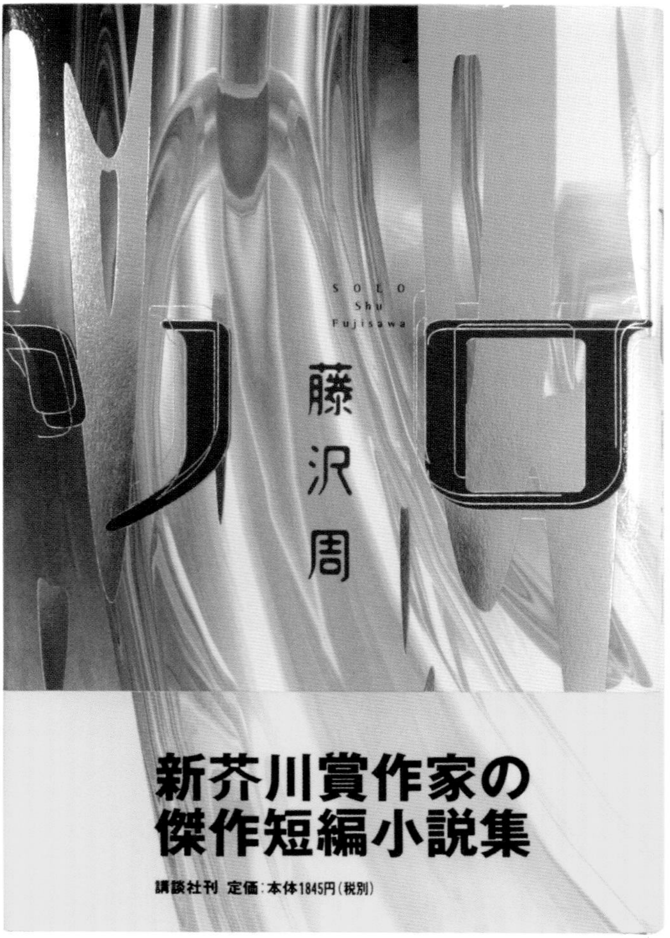
S O L O
Shu
Fujisawa
ソロ
藤沢周
新芥川賞作家の
傑作短編小説集
講談社刊 定価:本体1845円(税別)

這本是藤澤周先生的短篇小說集，我對其中一篇名為《SOLO》的故事，印象十分深刻。描述一具遭棄女屍的怪奇故事，敘述手法冷酷又暴力，看完後情緒竟有點High……就像緊繃的弦隨時會「啪」的一聲斷裂。我嘗試用層疊手法營造金屬立體感，表現這般緊繃情緒。因為質感的呈現很重要，除了燙金之外，用的是有光澤感的紙張（導致成本拉高），一共才176頁的書，定價竟然高達1900日圓……總覺得不太好意思（笑）。

藤澤周《SOLO》

講談社｜1996年9月｜1845 日圓

開本	128×188mm 四六判
裝幀	精裝圓背 176頁

	用紙	印刷・加工
書衣	OKミューズガリバーしろもの 白S 四六判直絲110kg	一色（黑墨）｜亮面PP上光 燙銀一次（村田金箔 銀）
書腰	OKトップコートマットN 四六判直絲110kg	二色（DIC597＋黑墨）｜亮面上光
封面	オフメタル 銀 四六判直絲105kg	一色（黑墨）｜霧面PP上光
扉頁	OKミューズガリバーしろもの 白S 四六判直絲110kg	一色（DIC621）
書頭布	73（伊藤信雄商店）	
絲帶	27（伊藤信雄商店）	
書名頁	OKミューズガリバーしろもの 白S 四六判直絲90kg	燙銀一次（村田金箔 銀）

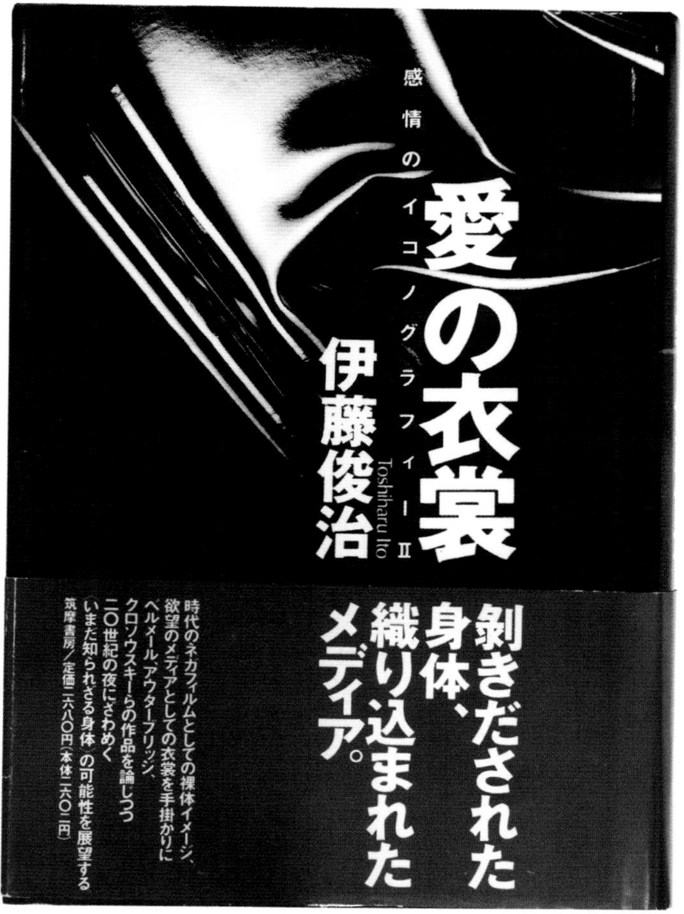
感情のイコノグラフィーII
愛の衣裳
Toshiharu Ito
伊藤俊治
剝きだされた身体、織り込まれたメディア。
時代のネガフィルムとしての裸体イメージ、
欲望のメディアとしての衣裳を手掛かりに
ベルメール、アウターブリッジ、
クロソウスキーらの作品を論じつつ
二〇世紀の夜にざわめく
〈いまだ知られざる身体〉の可能性を展望する
筑摩書房／定価二六八〇円（本体二六〇二円）

一本探討裸體寫真、畫作等的評論集。當時我剛踏進裝幀這行業，可能很閒吧。常常自己拍照用在設計上，這本的封面設計也是如此。因為內容提到SM，記得那時我將黑色塑膠袋搓揉、壓扁後，由上往下拍攝，試圖表現扭曲的意象。

伊藤俊治《愛的衣裳》	
筑摩書房｜1990年5月｜2602 日圓	
封面攝影｜鈴木成一	

開本	148×210mm A5判
裝幀	精裝圓背 240頁

	用紙	印刷・加工
書衣	❷OKトップコートS 四六判直絲110kg	四色印刷｜亮面PP上光
書腰	❷OKトップコートS 四六判直絲110kg	二色（DIC621＋黑墨）
封面	❷OKトップコートS 四六判直絲110kg	二色（DIC621＋黑墨）｜亮面PP上光
扉頁	ルミナカラー 黒 ハトロン判横絲113.5kg	無
書頭布	19C（●伊藤信雄商店）	
書名頁（8頁）	❷ピジョン書籍 四六判直絲72kg	二色（DIC621＋黑墨）

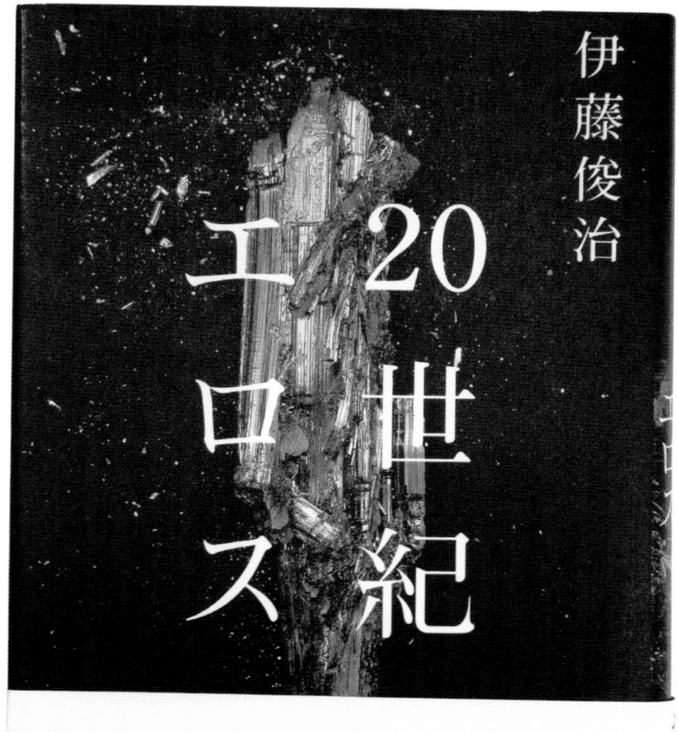
伊藤俊治
20世紀
エロス
性イメージの臨界点
マドンナ、ヘルムート・ニュートン、ジェフ・クーンズから
広告写真、ポルノグラフィまで、現代に氾濫する性イメージを渉猟し、
ひとつの臨界点に達したエロチシズムの未来を透視する。
青土社　定価2400円（本体2330円）

封面圖也是我拍的照片。一如書名，是本探討「20世紀情色」的評論集。那時我很喜歡蒐集礦石，像是水晶，還有比較特殊的鐵礦石之類。為什麼會用在這本書的封面設計上呢……為什麼呢？我也不知道（笑）。大概不想用太露骨的方式表現吧。所以決定用堅硬的礦石呈現完全相反的感覺。我和作者伊藤先生很熟，總覺得這樣的設計蠻符合他的個性。

伊藤俊治《20世紀情色》

青土社｜1993年10月｜2330 日圓

封面攝影｜鈴木成一

開本	128×188mm 四六判
裝幀	精裝圓背 272頁

	用紙	印刷・加工
書衣	ダイヤペーク 四六判直絲130kg	四色印刷｜霧面上光
書腰	ダイヤペーク 四六判直絲110kg	❷一色｜霧面上光
封面	❷フェルトン Beige 四六判直絲120kg	❷一色｜霧面上光
扉頁	❷フェルトン Beige 四六判直絲120kg	無
書頭布	33R（●伊藤信雄商店）	
書名頁	❷フェルトン Beige 四六判直絲90kg	❷二色（DICN780＋黑墨）

和田ラヂヲの
新世界
来春、
映画化希望！
（ラヂヲ談）
ドラマ化も希望！
（同右）
全91作品、すべて単行本 初収録！
長編〜短編〜4コマまで、
珠玉の漫画がよりどり見どり。
今すぐラヂヲワールドに突入せよ！
河出書房新社 定価 本体1100円（税別）

雖然這本是和田 RAZIO 先生的漫畫，但為了展現格格不入感，所以設計出一點都不像漫畫的封面。封面圖是攝影師安村先生所拍，照片中的男子和作者和田先生一點關係也沒有——我想可能是安村先生的堂兄弟吧。這張奇怪的照片完美呈現這本漫畫所要訴求的不合理世界觀……不管是垂掛的窗簾、地板的顏色，還是一副外出裝扮卻光著腳丫，坐在室內還戴墨鏡的無厘頭模樣，越看越奇怪，不是嗎？（笑）。書腰特地設計成衛生紙的感覺，好讓大家看到那雙腳丫。

和田 RAZIO《和田 RAZIO 的新世界》	
河出書房新社｜2007年12月｜1100 日圓	
封面攝影｜安村崇	
開本	148×210mm A5判
裝幀	平裝 160頁

	用紙	印刷・加工
書衣	OKトップコートS A判橫絲70.5kg	四色印刷｜亮面PP上光
書腰	クラシコトレーシング A本判橫絲74kg	一色（內側面印反向字 黑墨）
封面	OKプリンス上質 四六判橫絲180kg	一色（黑墨）
扉頁	エコラシャ 黑 四六判直絲100kg	無
書名頁	OKプリンス上質 A判橫絲35kg	一色（DIC584B）

Too

4 活用書的結構

書就是將一疊紙裝訂好，加上封面和書衣，再加條書腰便完成了。

本單元列舉幾個活用書的結構發想創意的例子。

紫の領分

藤沢　周

「世界の限界という奴から
脱出したかっただけだ、
ほんの一ミリでいいんだ、
一ミリで……」

二つの家庭の間で
二重生活をおくる数学講師。
日常の底を抜く
狂気と虚無の烈しい誘惑——
芥川賞作家の傑作長篇小説。

講談社　定価：本体一八〇〇円(税別)

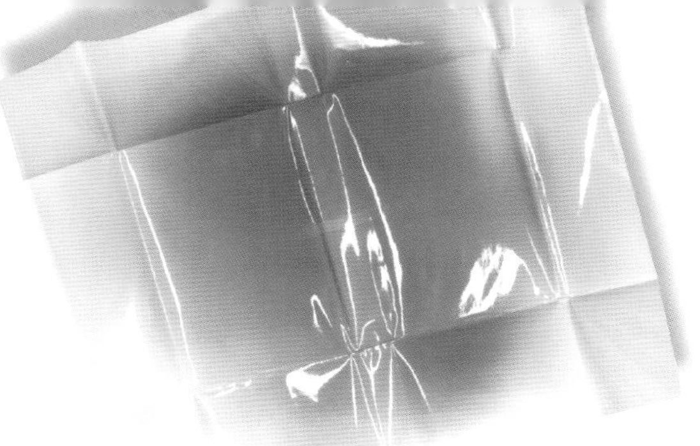

這本書的設計是將書衣上下兩端折進去，中間留一條紫色帶狀空隙，下方折進去的部分作為書腰。書衣攤開，便成了上圖的樣子。男主角犯了重婚罪，往來東京與仙台兩個家庭，每次搭乘東北新幹線時，就會出現紫色光景。「紫色領域」象徵一種曖昧的感覺，所以我利用書的構造表現男主角受到兩邊壓迫，活像塊夾心餅乾的心情，不過這樣的設計讓物流人員大傷腦筋。一般書腰破了，只要換條新書腰就行了，可是這款設計必須整張換掉，而且是手工作業，看來我做了件頗讓別人傷腦筋的事。

藤澤周《紫色的領域》

講談社｜2002年10月｜1800 日圓

開本	128×188mm 四六判
裝幀	精裝圓背 272 頁

	用紙	印刷・加工
書衣	ルミナ白RC ハトロン判橫絲113.5kg	正面一色（黑墨）反面二色（DIC104＋DIC2207）｜亮面PP上光
封面	OKプリンス上質 四六判直絲110kg	三色（DIC104＋DIC2207＋黑墨）
扉頁	OKプリンス上質 四六判直絲110kg	無
書頭布	1R（◯伊藤信雄商店）	
絲帶	40（●伊藤信雄商店）	
書名頁	OKプリンス上質 四六判直絲90kg	一色（黑墨）

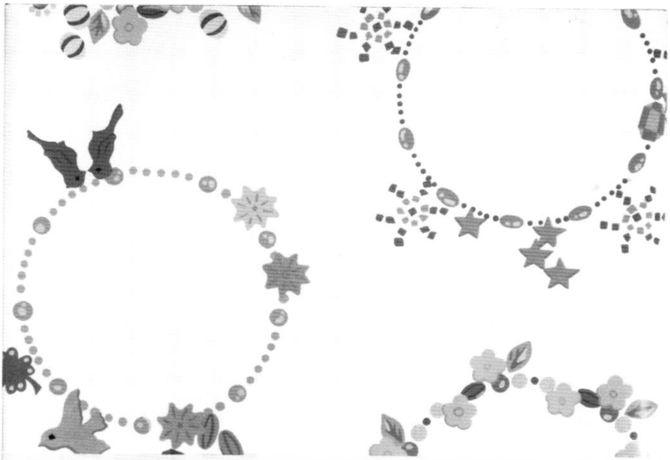

小説 角田光代
絵 松尾たいこ

Presents

小説と絵で切りとった、
じんわりしあわせな十二景

この世に生まれて、初めてもらう「名前」 放課後の「初キス」
女友達からの「ウェディングヴェール」 子供が描いた「家族の絵」

＊初回限定特製ラッピングカバー

双葉社

人生には、大切なプレゼントがたくさんある。

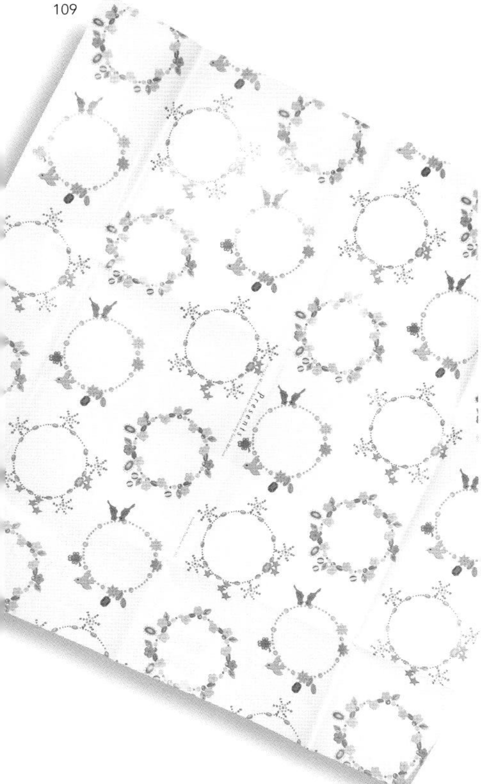

由角田小姐與松尾小姐合著，透過禮物描寫女人一生的短篇集，設計構想就來自書名「禮物」囉。基本上，也是書衣折進去，攤開來變成一張包裝紙的設計概念。不過這款設計只限首刷，再刷可就不能讓我這麼搞了（笑），畢竟做這種不按牌理出牌的事，可是會被討厭的。

角田光代・松尾泰子《女人一生的12個禮物》

双葉社｜2005年11月｜1400 日圓

封面用圖｜松尾泰子

開本　148×200mm A5判變形

裝幀　平裝 218頁

	用紙	印刷・加工
書衣	ルミナ白RC 四六判横絲64.5kg	正面四色印刷・反面二色（DIC620＋黑墨）
封面	タントセレクトTS-1 N-1 四六判横絲100kg	一色（DIC620）
扉頁	ゴールデンアロー 白 四六判直絲110kg	無
書頭布	19C（●伊藤信雄商店）	
絲帶	22（●伊藤信雄商店）	
書名頁	トーメイオックスフォード 636×965mm直絲39kg	一色（DIC620）

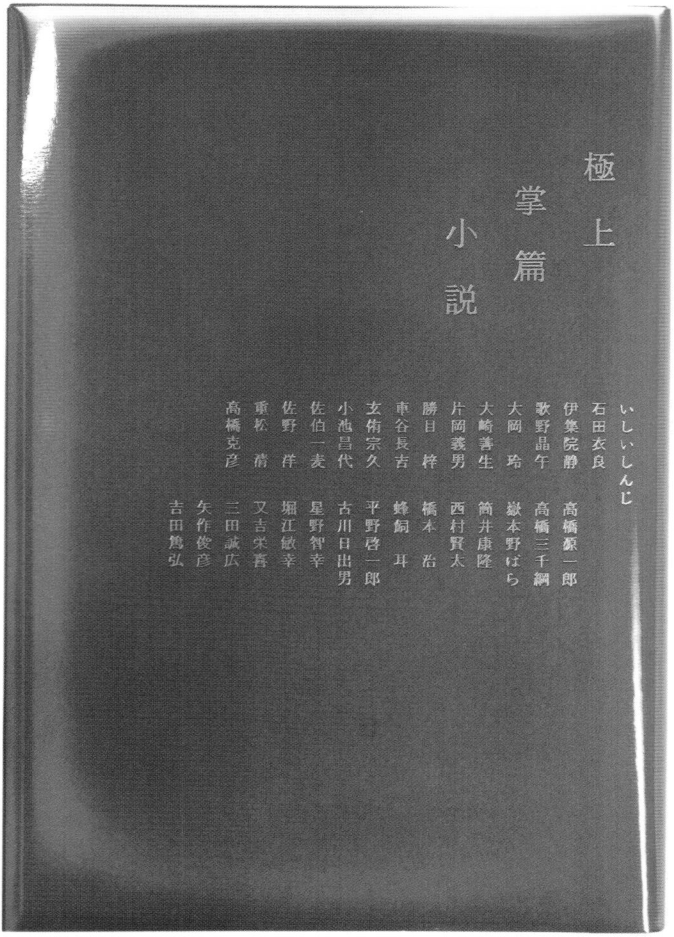
極上掌篇小説
いしいしんじ
石田衣良
伊集院静
歌野晶午
大岡玲
大崎善生
片岡義男
勝目梓
車谷長吉
玄侑宗久
小池昌代
佐伯一麦
佐野洋
重松清
高橋克彦
高橋源一郎
高橋三千綱
嶽本野ばら
筒井康隆
西村賢太
橋本治
蜂飼耳
平野啓一郎
古川日出男
星野智幸
堀江敏幸
又吉栄喜
三田誠広
矢作俊彦
吉田篤弘

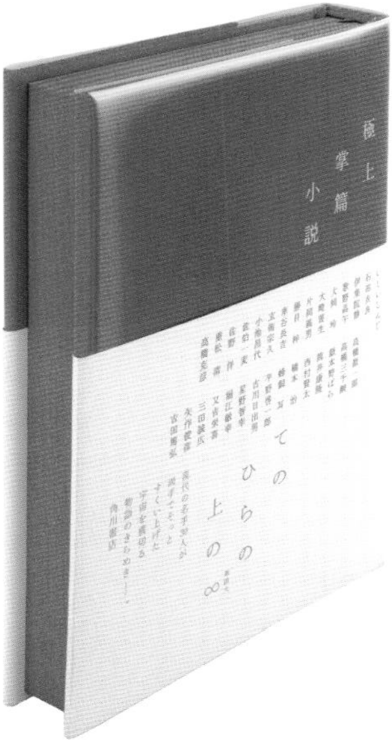

如同書名，是本收錄三十位作家的掌篇小說選集，所謂掌篇小說，就是字數比短篇小說更少。我一直構思如何表現「極上」（上等）這字眼，於是想到封面上鮮紅色亮P，而且四個書角特別加強亮度（highlight），展現華麗的質感與份量感。此外，內文的天、地、書口等處都塗上紅色，整本書看起來紅通通的。

《極上掌篇小說》

角川書店｜2006年10月｜1700 日圓

封面用圖（CG）｜桑原大介

開本	128×188mm 四六判
裝幀	精裝方背 312頁｜天地書口刷邊

	用紙	印刷・加工
書衣	OKトリニティ 四六判直絲110kg	二色（DICF101＋黑墨）｜亮面PP上光｜燙金一次（村田金箔 金 No.4）
書腰	NBファイバー 白 四六判直絲110kg	二色（DICF101＋黑墨）｜亮面上光
封面	OKトリニティ 四六判直絲110kg	二色（DICF101＋黑墨）｜亮面PP上光
扉頁	OKトリニティ 四六判直絲110kg	一色（DICF101）｜亮面PP上光
書頭布	25R（●伊藤信雄商店）	
絲帶	42（●伊藤信雄商店）	
書名頁	色上質 白 厚口	一色（DICF101）

三浦しをん

むかしのはなし

SHION MIURA

A LONG LONG TIME AGO

三浦紫苑小姐這本小說集，一共收錄七篇改編自日本傳說的短篇作品，所以我想用碰撞後出現缺損，邊邊已經有點發黑的「琺瑯」，來表現懷舊的質感。碰巧公司同仁的弟弟收集不少以前的琺瑯招牌，於是情商出借。掃描後，保留原本碰撞缺損的部分。光看圖片可能看不太出來，除了缺損的黑色部分之外，其他地方都有上亮P，重現琺瑯的光澤感。而且一比較就會發現，缺損部分因為沒有光澤，所以整體看起來更貼近實物。

三浦紫苑《傳說》	開本	128×188mm 四六判
幻冬舍｜2005年2月｜1500 日圓	裝幀	精裝圓背 272 頁
封面攝影｜橫山孝一		

	用紙	印刷・加工
書衣	OKスーパーエコプラス 四六判直絲135kg	四色印刷｜局部亮光一次
書腰	ゴールデンアロー 白 四六判直絲110kg	❷一色（DIC507）｜霧面上光
封面	OKスーパーエコプラス 四六判直絲110kg	四色印刷｜霧面上光
扉頁	エコラシャ 乳白色 四六判直絲100kg	無
書頭布	48R（●伊藤信雄商店）	
絲帶	22（●伊藤信雄商店）	
書名頁	エコラシャ 絹鼠色 四六判直絲70kg	二色（黑墨＋DICN737）

鶴見済
RAVER
檻のなかのダンス
体をジッと大人しくさせ、脳は意識過剰で狂わす監獄社会に対して起きた、ダンスという暴動。将来よりこの一瞬！ 優越感より体の快感!! 幸せはクスリで!!! 覚醒剤所持で逮捕された「完全自殺マニュアル」の著者がその監獄体験から、現代社会の生き苦しさの正体を明かし、楽に生きる哲学まで示した、渾身の一冊。太田出版
踊れ！ 寝ろ！
風呂！ オナニー！
考えたってしょうがねえ!!

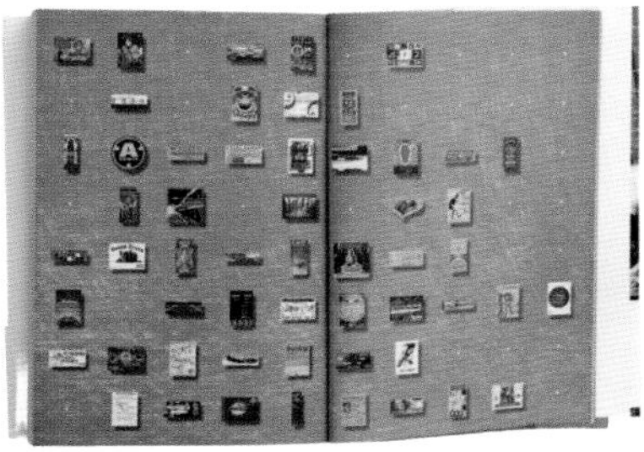
內文第213頁

這張照片是作者去德國還是哪裡，參加狂歡舞會時拍的。背景部分採燙金處理，讓整本書看起來十分「閃亮」。因為內容是鶴見先生教大家如何從日常生活解放等等的一些個人觀點，所以我希望整本書的設計能散發猶如嗑藥後，一種游離現實的虛幻感。內文版型可是花了很多心思編排，光是目次就用了283張傳單……現在不可能再搞這麼麻煩的事了（笑）。

鶴見濟《牢籠之舞》	
太田出版｜1998年7月｜1400 日圓	
封面攝影｜鶴見濟	

開本	128 ×188mm 四六判
裝幀	平裝 320頁

	用紙	印刷・加工
書衣	OKトップコートS 四六判直絲110kg	四色印刷｜亮面PP上光｜燙藍一次（村田金箔 天藍色）
書腰	OKトップコートS 四六判直絲110kg	❷一色（DIC219）｜亮面PP上光
封面	サンコート 230g/m2	一色（黑墨）
扉頁	ガイアA 灰色 四六判橫絲100kg	無
書名頁	❷NKメタルカラー 銀色 四六判橫絲73kg	一色（黑墨）

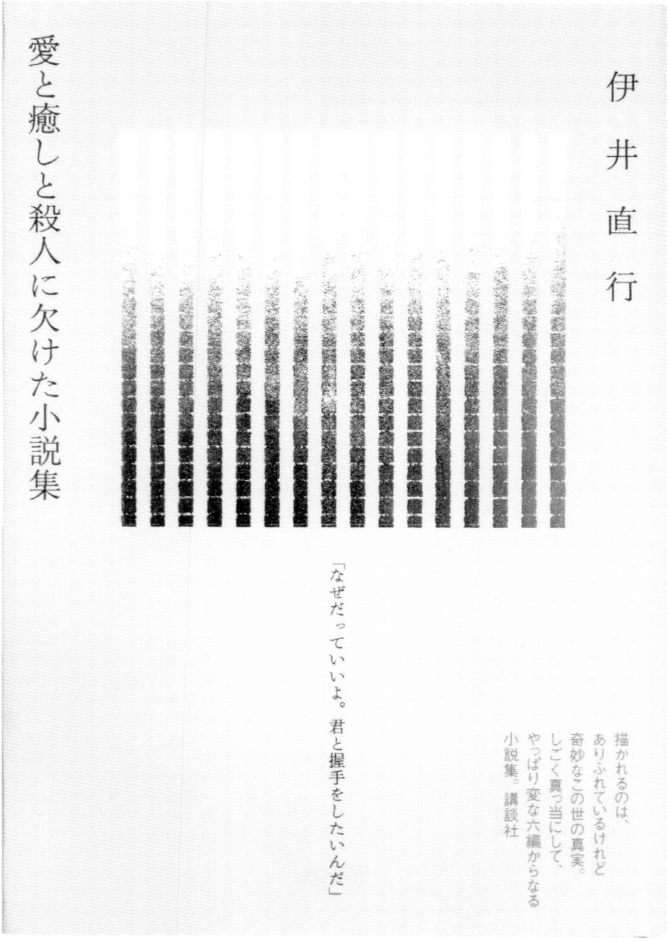
伊井直行
描かれるのは、
ありふれているけれど
奇妙なこの世の真実。
しごく真っ当にして、
やっぱり変な六編からなる
小説集。講談社
「なぜだっていいよ。君と握手をしたいんだ」
愛と癒しと殺人に欠けた小説集

如同書名，這是本從一開始就捨棄故事性，風格獨特的小說。我們閱讀文章，看著實際印刷出來的文字，享受著逐字觀看，但並不是追求娛樂的快感。無論這樣的行為是否有些做作，但卻是非常有趣。由於這本書的內容直接呈現一種冷漠的感覺，所以不適合將文字單獨運用在裝幀設計上。於是我想到一個點子，那就是內頁全部重疊後，文字不就成了黑黑的四方格嗎？然後再燙金處理。這麼一來，不就拋掉所有情感，只剩下書的構造，來呼應這本書的主題。

伊井直行《欠缺愛與療癒與殺人的小說集》	開本	128×188mm 四六判
講談社｜2006年11月｜1700 日圓	裝幀	精裝圓背 292頁

	用紙	印刷・加工
書衣	OK上質紙 四六判直絲110kg	一色（黑墨）｜霧面上光｜燙銀一次（村田金箔 銀）
書腰	OK上質紙 四六判直絲90kg	二色（黑墨＋DIC204）｜霧面上光
封面	OK上質紙 四六判直絲110kg	一色（黑墨）
扉頁	OK上質紙 四六判直絲110kg	無
書頭布	1R（◯伊藤信雄商店）	
絲帶	1（◯伊藤信雄商店）	
書名頁	OK上質紙 四六判直絲90kg	一色（黑墨）

主婦と生活社 GIGA COMICS 愛蔵版
ハッピィ・ハウス
OKAZAKI KYOKO
岡崎京子
初版限定！ オリジナル・ポストカード付き！
New Real! るみ子、13歳! さみしい、さみしい、さみしい。
岡崎京子!

光看圖片可能看不太出來，其實書封的圓形圖案印著淡淡的直線，塑膠質感的書衣則是印上淡淡的橫線，兩者重疊後形成微妙的交錯，散發一股節奏感。每個圓形都是所謂的摩爾波紋•，依光線角度不同，會呈現不同的圓形圖案。因為這本是岡崎小姐的珍藏版，我一直猶豫封面要不要放岡崎小姐的漫畫，後來決定嘗試用透明素材展現這部作品的前衛、時尚感。

・摩爾波紋（moiré）——幾個規律的條紋花樣重疊時，因為週期性交錯關係，會出現圖形變化。

岡崎京子《Happy House》

主婦と生活社｜2001年7月｜1300 日圓

開本	145×210mm A5判
裝幀	平裝 350頁

	用紙	印刷・加工
書衣	アリンダOFT-N100 100μm	二色（不透明白＋黑墨）｜霧面PP上光 燙粉紅一次（村田金箔 粉紅色）
書腰	OKスーパーエコプラス 四六判直絲110kg	一色（DICF123）｜霧面上光
封面	OKスーパーエコプラス 四六判直絲170kg	二色（DICG258 二次）｜霧面上光
扉頁	OKエコプラス 牛奶色 四六判直絲110kg	無
書名頁1	OKエコプラス 白 四六判直絲90kg	正面四色印刷｜反面一色（DICF213）
書名頁2	A-PLAN ローズ 白 菊判直絲59.5kg	正面一色（DIC601）｜反面一色（DIC601）

タペストリーホワイト

大崎善生

Will You Love Me Tomorrow?

明日もあなたは私を愛してくれているのでしょうか?

盗み見た姉の手紙に記された一文
——宛名の男を求めて、妹は混沌へと足を踏み入れた。

愛する者たちを奪い去っていった
狂熱の季節を彩るキャロル・キングの調べ
脆く、澄み切った時間を描いた青春小説。

文藝春秋刊
定価（本体1286円＋税）

Tapestry是「織錦」的意思，因此書衣用的是纖維狀半透明材質，映襯封面圖，不過光看圖片可能看不太出來……。書名字體則是刻意配合書衣紙張的紋路間隙設計，看起來像繡上去似的，再用白色燙金遮住書名底下的圖片，其他部分則是透明狀態。因為這是本以卡洛金（Carole King）專輯「tapestry」為題材的小說，本來想用這張專輯的封面來設計，而且提到卡洛金就會想到貓，結果還是沒辦法……還是有不少像這樣無法盡如己願的案子。

大崎善生《tapestry white》
文藝春秋｜2006年10月｜1286 日圓
封面攝影｜畠山直哉《River Series / Shadow #068》

開本	130×188mm 四六判
裝幀	精裝方背 216頁

	用紙	印刷・加工
書衣	トーメイオックスフォード 636×965mm横絲64kg	一色（黑墨）｜霧面PP上光 燙金一次（村田金箔 P7-白）
書腰	ギルバートオックスフォード 雪白色 A判直絲50kg	二色（DIC203＋黑墨）｜霧面上光
封面	OKトップコートS 四六判直絲110kg	四色印刷｜亮面PP上光
扉頁	OKプリンス上質 四六判直絲90kg	無
書頭布	15R（●伊藤信雄商店）	
絲帶	1（○伊藤信雄商店）	
書名頁	OKプリンス上質 四六判直絲70kg	一色（DIC203）

パイロットフィッシュ
pilot fish
ohsaki yoshio
大崎善生
「パイロットフィッシュ」とは、
水槽内の環境を整えるために
犠牲的に飼われる熱帯魚。
"別れ"に涙を流したことのある
すべての人に捧げる、
愛しくせつない、至高の青春小説。
人は、
一度巡りあった人と
二度と別れることはできない。

我常用有朦朧感的描圖紙做書衣……恰巧能表現這故事的深度。封面圖是叫作「霓虹燈魚」的熱帶魚，再覆上有層次感的淺藍色描圖紙書衣，營造水族箱的感覺。記得這案子很趕，我是找圖庫的圖片，花了三小時便搞定。聽說這本書賣得不錯的樣子……總覺得心情有點複雜。

大崎善生《相愛的記憶——Pilot Fish》

角川書店｜2001年10月｜1400 日圓

封面攝影｜IPS

開本	128×188mm 四六判
裝幀	精裝圓背 248頁

	用紙	印刷・加工
書衣	クラシコトレーシング A本判横絲74kg	三色（DICN875＋DIC2159＋黑墨）｜霧面PP上光
書腰	OKプリンス上質エコG100 四六判直絲90kg	一色（DICN972）｜霧面上光
封面	OKプリンス上質 四六判直絲110kg	四色印刷｜霧面上光
扉頁	NKダルカラー 藍色 四六判横絲110kg	無
書頭布	41R（伊藤信雄商店）	
絲帶	12（伊藤信雄商店）	
書名頁	OKプリンス上質グリーン100 四六判直絲90kg	一色（DICN872）

アジアンタム
ブルー
adiantum blue
ohsaki yoshio
大崎善生
愛する人が死を前にした時、
いったい何ができるのだろう。
喪失の悲しみと
"優しさ"の限りない力を
描き出した、本年最高の恋愛小説。
選考委員激賞の吉川英治文学新人賞
「パイロットフィッシュ」に続く、鮮烈の受賞第一作。

這是使用描圖紙的一款設計。從正上方拍攝觀葉植物「鐵線蕨」，封面部分，因為鏡頭對焦花盆，所以中間會糊掉；相反地，書衣部分則是對焦中央，所以花盆會糊掉。利用兩者重疊營造微妙的立體感——試著表現出就算對焦也會模糊這般深層意味。這也是運用書本構造的設計，只是光看圖很難能理解就是了。

大崎善生《鐵線蕨的憂鬱》

角川書店｜2002年9月｜1500 日圓

封面攝影｜松藤庄平

開本	128×188mm 四六判
裝幀	精裝圓背 328頁

	用紙	印刷・加工
書衣	クラシコトレーシング A本判橫絲74kg	四色印刷｜霧面PP上光
書腰	OKプリンス上質エコG100 四六判直絲90kg	一色（DIC2547）｜霧面上光
封面	OKプリンス上質 四六判直絲110kg	四色印刷｜霧面上光
扉頁	アペリオ 綠色 四六判橫絲110kg	無
書頭布	36P（●伊藤信雄商店）	
絲帶	17（●伊藤信雄商店）	
書名頁	OKプリンス上質グリーン100 四六判直絲90kg	一色（DICN840）

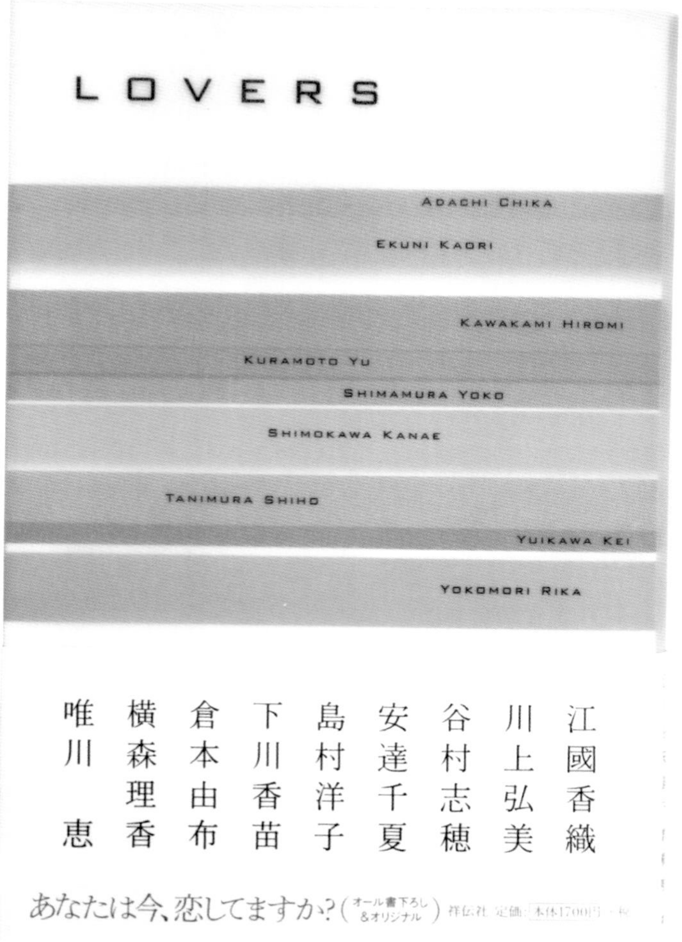
LOVERS
ADACHI CHIKA
EKUNI KAORI
KAWAKAMI HIROMI
KURAMOTO YU
SHIMAMURA YOKO
SHIMOKAWA KANAE
TANIMURA SHIHO
YUIKAWA KEI
YOKOMORI RIKA
江國香織
川上弘美
谷村志穂
安達千夏
島村洋子
下川香苗
倉本由布
横森理香
唯川恵
あなたは今、恋してますか?
(オール書下ろし&オリジナル)
祥伝社 定価:本体1700円

九位女作家以戀愛為題合著的文選。因為九位都是知名作家，因此封面設計成索引風格，避掉排名問題。整體用色採藍色系——譬如藍綠色、藍紫色等，每種顏色代表每位作家的特色。封面設計九條平行色帶，將作者名字依照各代表色，印在描圖紙書衣上。內文各篇章名頁也是各代表色，不過光封面就用了九種顏色，所以當我提出乾脆內文全採雙色印刷時，編輯起初不贊成，後來在我強烈要求下勉強答應……幸好這本書賣得還不錯，我也鬆了口氣（笑）。不然要是賣不好的話，編輯的日子可就難過囉。記得後來又做了一本工程同樣浩大的文選。

《LOVERS》

祥伝社｜2001年6月｜1700 日圓

開本	128×188mm 四六判
裝幀	軟精裝 264頁

	用紙	印刷・加工
書衣	クラシコトレーシング A本判橫絲74kg	一色（黑墨）｜霧面PP上光
書腰	サーラコットン 白-R 四六判直絲110kg	一色（黑墨）｜霧面上光
封面	ロベール 白 四六判直絲135kg	九色（DICF31 F37 2206 103 97 68 F42 104 66）
扉頁	ロベール 自然色 四六判直絲110kg	無
絲帶	1（◯伊藤信雄商店）	
書名頁	クラシコトレーシング A本判橫絲57.5kg	一色（黑墨）

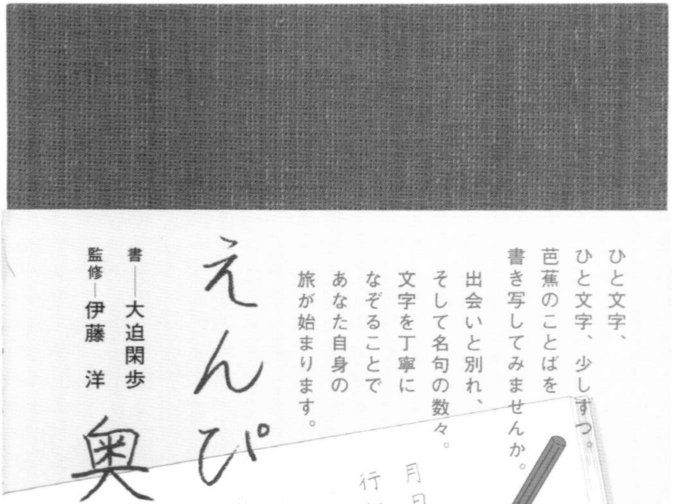
えんぴつで
奥の細道
書——大迫閑歩
監修—伊藤　洋
ひと文字、
ひと文字、少しずつ。
芭蕉のことばを
書き写してみませんか。
出会いと別れ、
そして名句の数々。
文字を丁寧に
なぞることで
あなた自身の
旅が始まります。
江戸から大垣までを
全五〇章に再構成
（『奥の細道』全文収録）。
全文書き下ろし、
ひと文字アドバイス付。

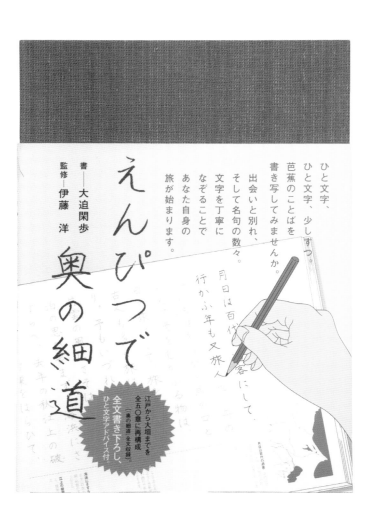

圖片1

圖片2

從事設計已經好幾年了，偶爾也會接到像這樣的半成品案子。書上印著淡淡文字的這本書，其實是本描字帖。我還記得設計這套描字帖系列的第一本時，可是試了好幾遍才成功。將書橫放，封面往上掀（如圖片1），再往右翻就能看到內文（如圖片2）。為了吸引讀者的目光，我費了不少心思。內文字體的範本是由我大學時就認識，一位精通書法的朋友擔綱，沒想到這本書竟大賣一百多萬本，頓時成了名人的他，還受邀上遍當時的晨間節目。因為大受好評，之後連續出了五本，他的字還越寫越好。這案子真的很特別，所以我印象很深刻。

《用筆漫步奧之細道》

ポプラ社｜2006年1月｜1400 日圓

書法示範｜大迫閑步・審校｜伊藤洋

開本	182×257mm B5判
裝幀	精裝（內文平裝）232頁

	用紙	印刷・加工
書腰	OKトップコートＳ 四六判直絲110kg	四色印刷｜霧面PP上光
封面	ヴァンヌーボV 白 四六判直絲110kg	四色印刷｜霧面上光
封面用扉頁	エコラシャ 深松葉色 四六判直絲70kg	無
中封面	ヴァンヌーボV 白 四六判直絲180kg	二色（DICN736＋黑墨）
中封面用扉頁	エコラシャ 黒 四六判直絲100kg	無
書名頁	エコラシャ 草色 四六判直絲100kg	二色（DICN843＋黑墨）

5 活用與作者本人相關的物品

這單元列舉幾個活用作者本人，以及與其相關物品、作品的例子，說明如何活用「作者」特色為一本書加分，創造出這本書的獨特風格。

爆笑問題の
日本史原論
太田光による
新しい歴史教科書
登場!!
歴史はこんなに
面白くて笑えるのか。

爆笑問題《爆笑問題的日本史原論 偉人篇》（Asscii media works）

因為「爆笑問題」這團體太有名了，若只是單純露臉實在沒什麼意思，於是我想到以足利尊的知名畫作為範本，設計成看賽馬的感覺，好好搞個kuso創意。先請插畫家繪製兩人的臉部底稿，再由我這邊加上鎧甲、馬等裝飾。另一本則借用歷史名人坂本龍馬的照片，讓他們穿上龍馬那年代的服裝，想像「坂本龍馬就站在旁邊」的感覺進行拍攝作業，再和照片合成就行了。

爆笑問題《爆笑問題的日本史原論》

Asscii media works｜2000年8月｜1000 日圓

封面用圖｜鈴木成一設計室＋內藤權三

資料來源｜傳．足利尊氏像／守屋家本騎馬武者像（京都國立博物館收藏）

開本	108×176mm 新書判
裝幀	精裝圓背 256頁

	用紙	印刷．加工
書衣	Mr.B 白 四六判直絲135kg	四色印刷｜亮面上光
書腰	デカンコットン 白 四六判直絲105kg	一色（黑墨）
封面	NTラシャ Sepia 四六判直絲100kg	一色（黑墨）
扉頁	Mケントラシャ 紅色 四六判直絲100kg	無
書頭布	25R（●伊藤信雄商店）	
書名頁	新だん紙 白 四六判直絲65kg	❷二色（DIC235＋黑墨）

爆笑問題
偽装狂時代

爆笑問題の日本原論5

祝！
芸術選奨
文部科学大臣賞受賞
爆笑問題

太田光が、
13年間休むことなく
日本原論を書き続けてわかったこと。

「世の中、すべて偽装でした」

幻冬舎 GENTOSHA
定価（本体1200円＋税）

爆笑問題《爆笑問題 昭和矣遠啦》（幻冬舍）

這本也是「爆笑問題」的系列作，封面是將模仿堀江貴文穿著的田中先生，與穿著印有小貓熊圖案T恤的太田先生，和看起來結構相當有問題的建築物合成，藉以反諷時事。另一本則是將兩人與向愛媛歷史文化博物館借來的照片合成，場景設定為太田先生坐在長廊上看報紙，田中先生扮演沖涼玩水的小孩，還刻意縮小他的身形。我和「爆笑問題」只見過一次面，他們似乎很滿意我的設計，太田先生老婆最近出的那本書也是由我操刀。

爆笑問題《偽裝狂時代 爆笑問題的日本原論5》	
幻冬舍｜2006年5月｜1200 日圓	
封面用圖｜田村昌裕（freaks）	

開本	120×188mm 四六判變形
裝幀	精裝圓背 238頁

	用紙	印刷・加工
書衣	Mr.B 白 四六判直絲135kg	四色印刷｜亮面上光
書腰	色上質 檸檬色 特厚口	❷二色（DIC160＋黑墨）
封面1	NTラシャ 鉛色 四六判直絲100kg	一色（黑墨）
扉頁	NTラシャ 灰色 10 四六判直絲100kg	無
書頭布	73（●伊藤信雄商店）	
書名頁	色上質 白 特厚口	二色（DICG234＋黑墨）

在日
姜尚中
自分の内面世界に封じ込めてきた「在日」や「祖国」。今まで抑圧してきたものを一挙に払いのけ、悲壮な決意でわたしは「永野鉄男」を捨てて「姜尚中」を名乗ることにした。
講談社

這位就是作者姜尚中先生，第一次在電視上看到他，就覺得這個人好酷，心想一定要好好活用他的個人魅力。於是我將《在日》搶眼又直接的書名，搭配他的正面半身照，就是這樣而已……。

姜尚中《在日》

講談社｜2004年3月｜1500 日圓

封面攝影｜平間至

開本	128×188mm 四六判
裝幀	精裝圓背 236頁

	用紙	印刷・加工
書衣	OKトップコートS 四六判直絲110kg	四色印刷｜亮面PP上光
書腰	OKトップコートS 四六判直絲110kg	一色（黑墨）｜亮面上光
封面	OKトップコートS 四六判直絲110kg	一色（黑墨）｜亮面上光
扉頁	エコラシャ 鈍色 四六判直絲100kg	無
書頭布	73（◍伊藤信雄商店）	
絲帶	27（●伊藤信雄商店）	
插頁	OKトップコートS 四六判直絲90kg	四色印刷

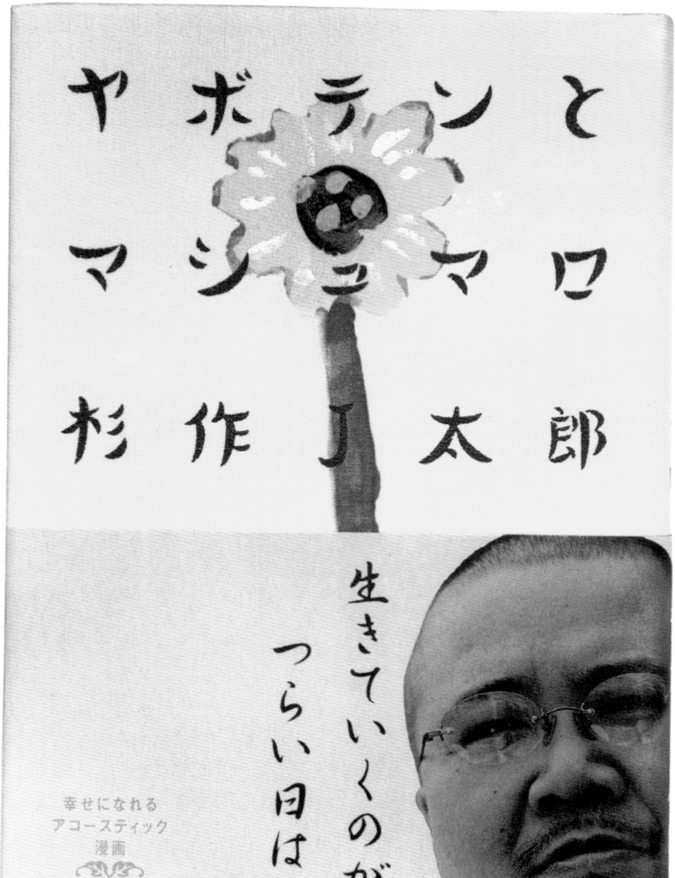
サボテンと
マシュマロ
杉作J太郎
生きていくのが
つらい日は
幸せになれる
アコースティック
漫画

總覺得漫畫家就像藝人……杉本J太郎便是一例。我請J太郎先生幫封面畫張「自畫像」，結果畫成這樣（笑）。雖然很難將花與J太郎先生連想在一起，不過放上印有本人照片的書腰，效果變不錯呢。一般思考如何設計時，會先想到運用插畫或照片，但沒想到拿到的素材和當初想要的完全不同。而且像這樣同時運用兩種素材的例子並不多，我想之所以能醞釀出微妙的平衡感，歸因於兩種都算是「自畫像」的緣故吧。附帶一提，書腰文案也很不錯。

杉作J太郎《不識好歹與棉花糖》

Asscii media works｜1999年4月｜1800 日圓

封面用圖｜杉作J太郎．封面攝影｜喜安

開本	148×210mm A5判
裝幀	精裝圓背 224頁

	用紙	印刷．加工
書衣	コットンライフ 象牙色 四六判直絲146kg	四色印刷｜亮面上光
書腰	里紙 古染 四六判直絲100kg	❷二色（DIC502＋黑墨）
封面	コットンライフ 自然色 四六判直絲112kg	一色（黑墨）
扉頁	ラグリンクラシック 自然色 四六判直絲112kg	無
書頭布	28R（●伊藤信雄商店）	
絲帶	3（○伊藤信雄商店）	
書名頁	まんだら 乳白色 四六判直絲薄口	❷二色（DIC126＋DICN932）

吉川ひなのの
ひなのはひなの
おもいっきりストレートな、
いわゆる『本音トーク』。
ここまで自分の気持ちに正しい文だらけの本を出せたことを
とても、うれしく、誇りに(?)思います。
マガジンハウス
定価：本体1200円（税別）

吉川雛乃小姐的自拍生活照寫真集，也是一本抒發心情的散文集。書名題字和照片都是由她親自操刀。總之，就是全力彰顯「雛乃的自我風格」。我認為裝幀設計除了主觀發想，也要懂得選擇最符合這本書的元素，思考如何編排、呈現吧。

吉川雛乃《雛乃就是雛乃》

MAGAZINE HOUSE｜1998年12月｜1200 日圓

封面攝影・題字｜吉川雛乃

開本	126×176mm 四六判變形
裝幀	精裝圓背 216頁

	用紙	印刷・加工
書衣	OKミューズガリバーしろもの 白S 四六判直絲110kg	四色印刷｜霧面PP上光｜UV加工（高厚透明色）
書腰	ビルカラー 雪色 四六判直絲115kg	❷二色（DIC455＋黑墨）｜霧面上光
封面	OKミューズガリバーしろもの 白S 四六判直絲110kg	四色印刷｜亮面上光
扉頁	OKミューズガリバーしろもの 象牙色 四六判直絲110kg	無
書頭布	106（●伊藤信雄商店）	
書名頁	新鳥の子 白 四六判直絲70kg	❷二色（DIC161＋黑墨）

恋をしよう。夢をみよう。旅にでよう。

同世代に圧倒的共感を得ている作家の日日のことども

たのしいこと
うれしいこと
悲しいこと
怒ったこと

ささやかな
日常こそが
いとおしい——

角田光代

書衣展開的樣子，左側是內封。

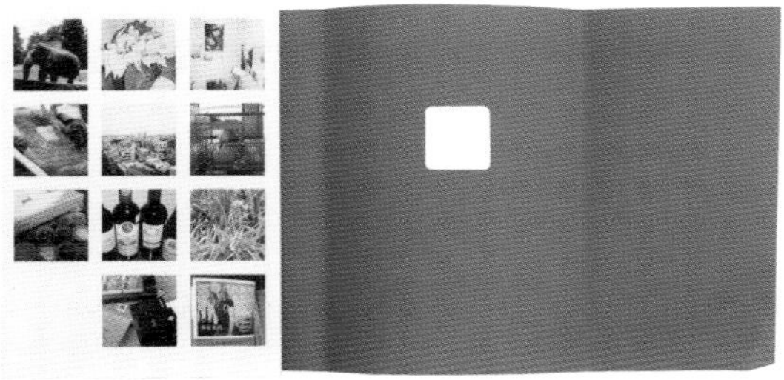

這本角田小姐的散文集也是以同樣概念設計，不管是書名、作者名，還是書裡隨意拍攝的照片，都是出自作者之手。封面放上幾排照片，然後書衣開個洞，就能窺看到其中一張。一翻開書衣，便能一窺作者日常生活，這就是我想呈現的感覺。本來想說內文也全彩，但出版社那邊說沒辦法，所以只有封面和書名頁部分是彩印，作為各篇圖標的內文圖則是單色印刷。

角田光代《談場戀愛。做個夢。來趟旅行吧。》	
Sony Magazines｜2006年2月｜1300 日圓	
封面攝影・題字｜角田光代	

開本	128×178mm B6判變形
裝幀	平裝 320頁

	用紙	印刷・加工
書衣	NTラシャ 雪白色 四六判直絲130kg	正面二色（DIC491＋黑墨）｜霧面上光｜開刀膜
		反面一色（DIC482）｜霧面上光
書腰	NTラシャ 雪白色 四六判直絲100kg	二色（DIC491＋黑墨）｜霧面上光
封面	NTラシャ 雪白色 四六判直絲210kg	四色印刷｜霧面上光
扉頁	NTラシャ 雪白色 四六判直絲130kg	四色印刷（封面裡、封底裡，及其對頁）
書名頁	NTラシャ 雪白色 四六判直絲100kg	一色（DIC2460）

武田双雲
言葉、
このとてつもない力。
最も注目される
若手書道家・武田双雲、
初のメッセージ集
ダイヤモンド社
英訳
William I. Elliott
川村和夫
中国語訳
李夢軍

書法家武田雙雲先生的散文集。我們在攝影棚貼了一大張白紙當背景，拍攝他隨心所欲揮灑的模樣。為了抓住武田先生的個人特色，想說先和他碰面聊聊，看看能不能在他的引導下，進入深奧的書法世界，結果連攝影師也跟著玩起來呢。武田先生就是有這種馬上能和別人打成一片的本事。託他之福，現場氣氛十分輕鬆愉快，完全想不到他是位知名的書法家。

武田雙雲《快樂嗎？》

Diamond社｜2006年4月｜1600 日圓

封面攝影｜中川正子

開本	天地197×左右210mm A4判變形
裝幀	平裝 80頁

	用紙	印刷・加工
書衣	OKミューズカリバーHG 高白色 菊判直絲93.5kg	四色印刷｜霧面PP上光
書腰	OKミューズカリバーHG 高白色 菊判直絲76.5kg	四色印刷｜霧面PP上光
封面	OKミューズカリバーHG 高白色 菊判直絲139.0kg	四色印刷｜亮面上光
扉頁	OKミューズカリバーHG 高白色 菊判直絲76.5kg	前後正面反面各四色印刷
書名頁1	OKミューズカリバーHG 高白色 菊判直絲62.5kg	四色印刷
書名頁2	ビオトープGA 棉花白色 四六判直絲45kg	正面四色印刷

元特捜検事・弁護士
田中森一
闇社会の守護神と呼ば
伝説の
特捜エース検事は、なぜ
「裏」世界の弁護人に
転向したか。
主な黒い人脈
山口組若頭宅見勝
許永中
伊藤寿永光
安倍晋太郎
竹下登
幻冬舎
GENTOSHA
定価(本体1700円＋税)
アウトローにしか生きられなかった男の自叙伝。

前政府高官要員，挺身揭發政府體系的黑暗面，這樣的內容讓我馬上想到以國會議事堂作為背景來拍攝。但只是站在議事堂前拍照，似乎沒什麼特別之處，於是我和編輯找遍國會議事堂周邊的飯店，總算找到最佳的拍攝地點——六本木的全日空飯店。讓作者站在窗邊拍照，果然拍出我想要的感覺。畫面由左往右逐漸變暗……書名也是由白轉黑，恰巧呼應「翻轉」這字眼。原本只是單純的發想，仔細一瞧，圖片正中央插著一面國旗，結果這巧合成了最精細的設計。

田中森一《翻轉——黑暗社會的守護神》	
幻冬舍｜2007年6月｜1700 日圓	
封面攝影｜田村昌裕（freaks）	

開本	128×188mm 四六判
裝幀	精裝圓背 412頁

	用紙	印刷·加工
書衣	OKトップコートS 四六判直絲110kg	四色印刷｜霧面PP上光｜燙黑一次（村田金箔 黑）
書腰	OKトップコートS 四六判直絲110kg	一色（黑墨）｜亮面上光
封面	エコラシャ 銀鼠色 四六判直絲110kg	一色（黑墨）
扉頁	エコラシャ 黑 四六判直絲110kg	無
書頭布	73（◎伊藤信雄商店）	
絲帶	22（●伊藤信雄商店）	
書名頁	OKトップコートS 四六判直絲90kg	一色（黑墨）

GENTOSHA
幻冬舎
村上隆
芸術起業論
超ビジネス書
一作品、
一億円で落札。
(2006年サザビーズNY)
すべての人
(=アーティスト)は
起業家である。

總覺得這本村上隆先生闡述如何靠藝術賺錢的商業書，蠻「臭屁」呢（笑）。所以封面乾脆放上真人大小的臉部特寫，呼應整本書散發的無比自信。其實臭屁不見得不好，也算是一種彰顯自我的方式，只是大部分人都不想被貼上這樣的標籤，但對村上先生來說，這也是一種經營策略。至少我是這麼認為，才會嘗試這樣的設計，會不會太超過呢？

村上隆《藝術創業論》

幻冬舍｜2006年6月｜1600 日圓

封面攝影｜田村昌裕（freaks）

開本	128×188mm 四六判
裝幀	精裝方背 252頁

	用紙	印刷・加工
書衣	OKトップコートS 四六判直絲110kg	四色印刷｜亮面PP上光
封面	OKトップコートS 四六判直絲110kg	四色印刷｜亮面PP上光
扉頁	エコラシャ 乳白色 四六判直絲100kg	無
書頭布	3R（◯伊藤信雄商店）	
絲帶	22（●伊藤信雄商店）	
書名頁	OKトップコートS 四六判直絲90kg	一色（黑墨）

ニュートンよりも、
ライト兄弟よりも、
偉大な奇跡を
成し遂げた
男の物語。

「死ぬくらいなら、
その前に一回は
バカになってみたらいい」

木村秋則さんのリンゴは、
来るべき未来への
叡智を与えてくれる
「智恵の果実」だ。

脳科学者
——茂木健一郎

幻冬舎
GENTOSHA
定価（本体1300円＋税）

描述經由NHK節目「專業人士的工作風格」報導而聲名大噪的木村阿公，憑著他的傻瓜哲學，終於栽培出不用農藥、不灑肥料的蘋果。他那不畏艱難的壯闊人生，是本勵志又賺人熱淚的書。記得那時我只要求負責拍攝封面照的田村先生一件事，那就是不管用什麼方法都行，一定要拍到木村阿公最開朗的笑容。如何？木村阿公這張笑臉是不是很吸引人呢？可能是因為書太暢銷吧。後來其他關於木村阿公的書，封面也都設計成這樣的感覺。其實就是因為效果不錯，別人才會跟風囉。

石川拓治
《這一生，至少當一次傻瓜——木村阿公的奇蹟蘋果》
（NHK「專業人士的工作風格」製作單位 監修）
幻冬舍｜2008年7月｜1300 日圓
封面攝影｜田村昌裕（freaks）

開本	128 × 188mm 四六判
裝幀	精裝方背 208頁

	用紙	印刷・加工
書衣	OKミューズガリバーHG 高白色 四六判直絲110kg	五色（四色印刷＋DIC2545）｜霧面PP上光
書腰	ニューエイジブラン 四六判直絲110kg	二色（DIC2545＋黑墨）｜霧面上光
封面	ビオトープGA 自然色白 四六判直絲90kg	一色（DIC379）
扉頁	ビオトープGA 可可豆色 四六判直絲90kg	無
書頭布	38R（●伊藤信雄商店）	
絲帶	45（●伊藤信雄商店）	
書名頁	ビオトープGA 棉花白色 四六判直絲60kg	一色（DIC499）

ロックで独立する方法

忌野清志郎

「自分の両腕だけで食べていこうって人が、
そう簡単に反省しちゃいけない」
太田出版

這本書是為了追悼已逝的清志郎先生，內容是他於二〇〇〇年到二〇〇二年在雜誌《Quick Japan》上的連載散文集結。這張佐內先生幫他拍的照片，真的拍得太棒了。捕捉到清志郎先生最自然的神采，有別於平常在媒體上看到的他，我相信光用書腰這張生活照就是最強力的訴求。

忌野清志郎《憑藉搖滾獨立的方法》

太田出版｜2008年7月｜1680 日圓

封面攝影｜佐内正史

開本　128 ×188mm 四六判

裝幀　精裝方背 200頁

	用紙	印刷・加工
書衣	OKミューズガリバーHG 高白色 四六判直絲110kg	四色印刷｜霧面PP上光
書腰	OKミューズガリバーHG 高白色 四六判直絲110kg	四色印刷｜霧面PP上光
封面	OKミューズガリバーHG 高白色 四六判直絲110kg	一色（黑墨）｜霧面PP上光
扉頁	OKミューズしろもの 白N 四六判直絲105kg	一色（黑墨）
書頭布	1R（〇伊藤信雄商店）	
絲帶	1（〇伊藤信雄商店）	
書名頁	OKミューズしろもの 白S 四六判直絲90kg	一色（黑墨）

斎藤ひろこ
Hiroko saito
MEIKYUDEN
迷宮殿
爆笑はムリかも…。
「自分探しの旅」は迷い道や
仕掛け罠がいっぱい。そんな
旅のお供に笑いの㊕パックを。
扶桑社
定価1100円 本体1048円
Q もうドキドキ♥
だって、憧れのあの人と
夢の中でキッス!
これって恋のまえぶれ??
（答えは裏に）

作者不但是位漫畫家，也是插畫家，背景的裝飾框和書名的手寫字等，都是作者親自操刀，我再做各種後續加工，像是刻意將「迷宮殿」的字體處理得很像電腦繪圖的效果，不但加上陰影營造立體感、背景做放射狀效果，書名還設計成金色字體。總之，裝幀設計好比廚師，思考如何調理手邊各種食材，如何擺盤等。就算是同一道料理，擺盤方式不同，呈現出來的感覺也不一樣，我盡力讓這本書展現最漂亮的模樣。

齋藤寛子《迷宮殿》	
扶桑社｜1999年3月｜1048 日圓	
封面攝影・題字｜齋藤寛子	

開本	110×173mm 新書判
裝幀	精裝圓背 240頁

	用紙	印刷・加工
書衣	Mr.B 白 四六判直絲135kg	五色（四色印刷＋DIC619）｜樹脂上光
書腰	Mr.B 白 四六判直絲110kg	二色（DIC111＋黑墨）｜樹脂上光
封面	里紙 菖蒲色 四六判直絲100kg	一色（不透明白）
扉頁	里紙 雪 四六判直絲100kg	無
書頭布	81（●伊藤信雄商店）	
絲帶	22（●伊藤信雄商店）	
書名頁	ミラーコートゴールド 四六判直絲90kg	二色（DIC619＋DIC111）

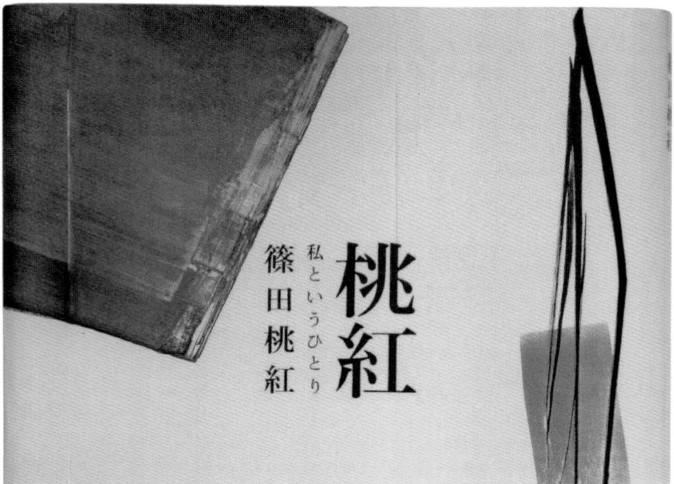
桃紅
私というひとり
篠田桃紅
きざし。
あゆみ。おもい。
いきさつ。よすが。
かたち。うつろい。
ゆくえ。
墨に親しみ、墨になじみ、墨をたよりにし、
墨に誘われ、操られ、惑わされ、裏切られ、
また墨に救われているうちに私は老いた。
だが、まだ墨とのつき合いは終わらない。
待望の
自伝的エッセイ集成
世界文化社 定価2,310円 本体2,200円

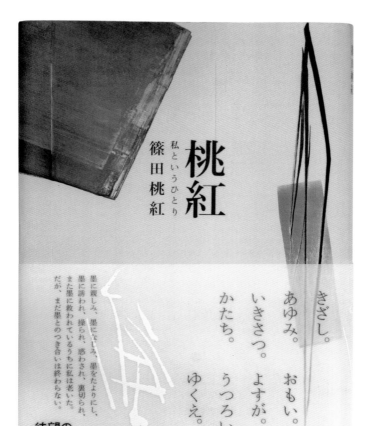

書畫家篠田桃紅小姐的散文集。封面是由篠田小姐眾多作品中，挑選出我最喜歡的一座屏風所拍攝而成的。我很喜歡像這樣以滿版設計呈現一本書的色彩與風格，雖然發想很簡單，實際拍攝時卻碰到不少問題……。因為屏風體積龐大，攝影棚的照明設備又不夠好，所以花了不少心力用電腦修圖。記得這座屏風當時是擺飾在目黑的 Pioneer 總公司。

篠田桃紅《桃紅——我這個人》

世界文化社｜2000年12月｜2200 日圓

封面用圖｜篠田桃紅

開本	148×210mm A5判
裝幀	精裝方背 352頁

	用紙	印刷・加工
書衣	OKミューズガリバーしろもの 白S 四六判直絲135kg	四色印刷｜霧面上光
書腰	クラシコトレーシング A本判橫絲74kg	正面一色（黑墨）｜霧面PP上光 反面一色（不透明白）
封面	万葉抄 しわつけ・生成 四六判橫絲135kg	燙金一次（村田金箔 消光金 No.108）
扉頁	N新鳥の子 古染 四六判直絲90kg	無
書頭布	24C（◎伊藤信雄商店）	
絲帶	36（●伊藤信雄商店）	
書名頁	N新鳥の子 白 四六判直絲70kg	正面一色（黑墨）｜反面一色（DICN809）

東京戦争に敗れた女は、世界の果てにたどり着いた。

玉蘭の花が枯れる時、幻の船に乗って失踪した男が現れる。
愛を知るには73年の月日が必要だった。

恋愛の本質に迫る最大の問題作、ついに刊行！

朝日新聞社 定価：本体1800円＋税

這是根據桐野女士大伯父的經歷所寫的一本小說。故事是大伯父七十年前搭船到上海所經歷的事，與現在發生的事交錯進行。封面圖是向桐野女士借來的私人收藏，拍攝地點就是當時的上海港，這樣的封面設計讓這本書看起來像非小說類的作品。不過這張照片的視覺效果真的很強，彷彿特地為了這本書而拍攝般，一下子便能將感覺拉回那年代。

桐野夏生《玉蘭》

朝日新聞社｜2001年3月｜1800 日圓

封面攝影｜作者私人收藏

開本	128×188mm 四六判
裝幀	精裝圓背 375頁

	用紙	印刷・加工
書衣	Mr.B 白 四六判直絲135kg	四色印刷｜亮面上光｜燙白一次（村田金箔 P7-白）
書腰	きらびき 白 四六判直絲S-100	❷一色（DIC495）
封面	コットンライフ 自然色 四六判直絲112kg	一色（黑墨）
扉頁	ビオトープG-A 酒紅色 四六判直絲120kg	無
書頭布	55DJ（●伊藤信雄商店）	
絲帶	1（○伊藤信雄商店）	
書名頁	N新鳥の子 淺鼠色 四六判直絲70kg	❷二色（DIC2456＋黑墨）

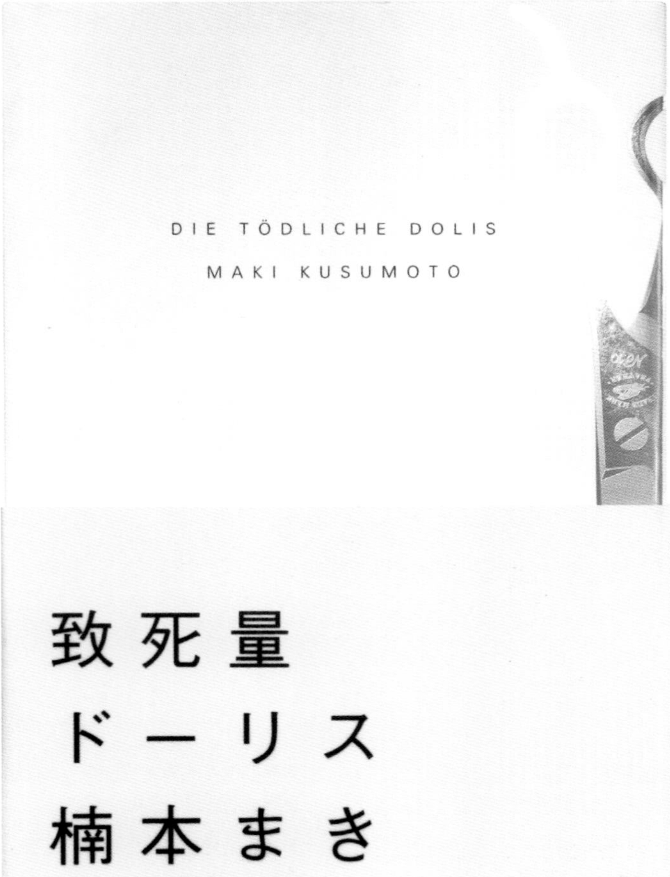
DIE TÖDLICHE DOLIS
MAKI KUSUMOTO
致死量
ドーリス
楠本まき

作者主動要求：「希望能設計成這樣的風格……」還帶來她父親用過的舊剪刀，於是我用這把剪刀做封面主圖，修圖後做了兩次燙金處理，重現這把剪刀的風采。封面是把剪刀的構圖，有種難以言喻的詭異、恐怖、靈異感。因為做了兩次燙金處理，所以我故意把圖設計在書背上，這樣就算放到書架上也看得到……畢竟沒露臉的話，實在可惜（笑）。但兩次燙金的作法，有點奢侈就是了。不過因為是漫畫（比單行本好賣）的關係，應該比較能砸錢這麼做吧。

楠本真紀《致死量Doris》	
祥伝社｜1998年5月｜933 日圓	
開本	148×210mm A5判
裝幀	平裝 138頁

	用紙	印刷・加工
書衣	❷OKトップコートマットN A判橫絲70.5kg	一色（黑墨）｜霧面PP上光 燙銀二次（村田金箔 銀＋消光銀 24號）
書腰	❷クラシコトレーシング A本判橫絲74kg	一色（黑墨）
封面	❷OKマットポスト 菊判橫絲125kg	一色（黑墨）
扉頁	❷OKトップコートマットN A判橫絲70.5kg	無

6 活用內文的素材

一般裝幀設計是指運用外在提供的插圖或照片作為素材，這單元我想介紹幾個活用內文插圖，或是漫畫的例子。

アバラット
ABARAT
Clive Barker
クライヴ・バーカー
池 央耿＝訳
『指輪物語』をしのぐ
ファンタジー超大作
4部作第1弾刊行開始!
ディズニー
映画化決定
未知なる旅の扉は、
いま、ここに開かれた——アバラットへようこそ。

拿掉書衣的樣子（封面）

我試著將這本奇幻小說作者繪製的所有內文插圖予以拼貼、合成，弄出一張奇幻世界地圖——線上遊戲攻略手冊也常用這類設計手法。為了讓整體看起來不像經過合成的感覺，著實費了不少苦心仔細處理……總算完成這樣的封面設計。覆上印有海浪圖案的透明書衣，有種航行海上，前往那個世界旅行的感覺。

Clive Barker《ABARAT》（池央耿 譯）

Sony Magazines｜2002年12月｜2600 日圓

封面用圖｜Clive Barker

開本	148×210mm A5判
裝幀	精裝圓背 480頁

	用紙	印刷・加工
書衣	アリンダOFT-N100 100μm 菊判	正面平版印刷一色（黑墨）+絹印一色（不透明白）｜霧面PP上光 反面一色（DIC104）
書腰	オフメタル 金 四六判直絲105kg	一色（黑墨）｜霧面PP上光
封面	OKトップコートS 菊判横絲76.5kg	四色印刷｜霧面PP上光
扉頁	NTラシャ 淡藤紫色 四六判直絲100kg	一色（DIC104）
書頭布	61R（●伊藤信雄商店）	
絲帶	59（●伊藤信雄商店）	
書名頁	フレンチマーブル 落日色 四六判直絲90kg	正面四色印刷｜反面一色（DIC104）

ホラー・ドラコニア
少女小説集成【壱】

Horror Dragonia

ジェローム神父

マルキ・ド・サド＝原作

澁澤龍彦＝訳　会田誠＝絵

誘拐、凌辱、殺戮
そして食人。
犯罪小説サド、
衝撃の復活！

文芸・ホラー

澁澤龍彦ホラー・ドラコニア
少女小説集成（全5巻）第1弾

平凡社
定価：本体1,800円（税別）

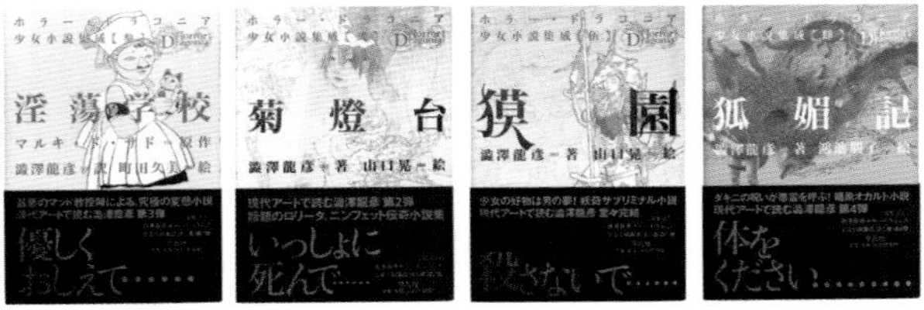

澀澤龍彥著。右起《狐媚記》鴻池朋子繪圖、《獏園》山口晃繪圖、《菊燈台》山口晃繪圖、《淫蕩學校》町田久美繪圖。（平凡社）

這企劃是將澀澤龍彥先生的小說和譯作，以現代藝術作品重現。我試著將會田誠先生、山口晃先生、町田久美小姐、鴻池朋子小姐等，以及 MIZUMA ART GALLERY 畫家們出現在內文中的作品，經過合成、加工，處理成適合做成封面的圖。基本上，哪一本小說要用哪一位畫家的作品，編輯都已經決定好了，我只需要思考如何料理、擺盤就行了。記得《Jerome 神父》這本最暢銷，可能是書腰恰巧遮住重點部位的關係吧（笑）。

Marquis de Sade《Jerome神父》（澁澤龍彥 譯・会田誠 繪）

平凡社｜2003年9月｜1800 日圓

封面用圖｜會田誠

開本	128×182mm B6判
裝幀	精裝方背 112頁

	用紙	印刷・加工
書衣	Mr.B 白 四六判直絲135kg	四色印刷｜亮面上光
書腰	ビオトープGA Porto black 四六判直絲90kg	一色（DIC620）
封面	Mr.B 白 四六判直絲110kg	四色印刷｜亮面上光
扉頁	ビオトープGA 酒紅色 四六判直絲90kg	一色（DIC620）
書頭布	55DJ（●伊藤信雄商店）	
絲帶	65（●伊藤信雄商店）	
書名頁	クラシコトレーシング 788×546mm直絲45kg	一色（DIC620）

失踪日記
吾妻ひでお
disappearance diary ADUMA, Hideo
全部実話です(笑)吾妻
突然の失踪から自殺未遂・路上生活・肉体労働、アルコール中毒・強制入院まで。波乱万丈の日々を綴った、今だから笑える赤裸々なノンフィクション!
「実体験の凄さはもちろん、絵も含めた「漫画作品」として完成度が高く本当に面白い。できるだけ多くの人に読んでほしい、傑作だと思います」
とり・みき(漫画家)

封面圖是摘自內文其中一格漫畫。離奇失蹤成了流浪漢的作者，某天一覺醒來，看到街上成了銀白色世界，這幕光景令人印象深刻。之所以上色，其實理由很簡單，只是想像作者戴著這顏色的濾光板望著眼前景象，不過沒什麼具體根據就是了（笑）。這本漫畫在「文化廳媒體藝術祭大賞」、「日本漫畫家協會賞大賞」等獎項加持下，十分暢銷呢。除了喚醒世人正視高度社會化後產生的憂鬱症等文明病，也讓大家注意到社會底層人們的內心世界。

吾妻秀雄《失蹤日記》

east · press｜2005年3月｜1140 日圓

封面用圖｜吾妻秀雄

開本	128 ×188mm 四六判
裝幀	平裝 200頁

	用紙	印刷・加工
書衣	タント N-8 四六判直絲130kg	❷三色（DIC164 二次＋黑墨）｜霧面上光
書腰	タント N-8 四六判直絲100kg	❷三色（DIC164 二次＋黑墨）｜霧面上光
封面	❷再生白画用紙W B本判橫絲155kg	正面一色（黑墨）｜❷反面一色（DIC542）
扉頁	タント N-57 四六判直絲100kg	無

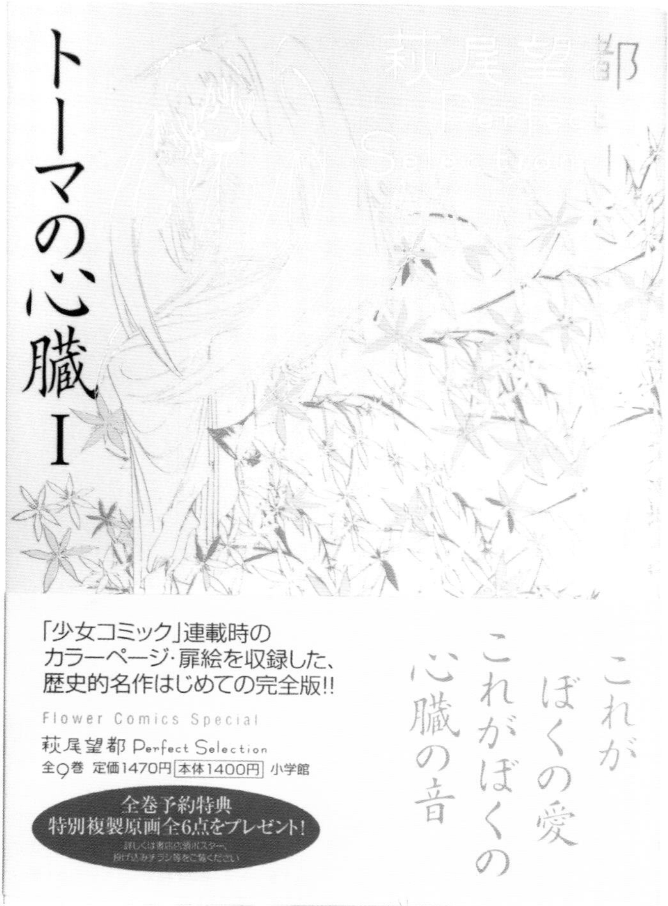
トーマの心臓 I
萩尾望都 Perfect Selection
「少女コミック」連載時の
カラーページ・扉絵を収録した、
歴史的名作はじめての完全版!!
Flower Comics Special
萩尾望都 Perfect Selection
全9巻 定価1470円 本体1400円 小学館
全巻予約特典
特別複製原画全6点をプレゼント!
これが
ぼくの愛
これがぼくの
心臓の音

萩尾望都著。
右起《托馬的心臟II》、《波族傳奇I》、《波族傳奇II》（小學館）。

這企畫是將萩尾望都小姐的名作，改版成A5大開本的系列珍藏版。少女漫畫常用花朵之類當背景，所以我從各集挑選出適合圖案，配合登場人物來設計。而且為了加強視覺效果，線條部分採燙金處理。一般像這樣的系列作品，通常會請作者另外繪製封面圖，而且就算不符合設計風格，也得被迫使用（笑）。尤其是那種已經上了色，我這邊沒辦法再更改的圖，更是得想辦法統一風格才行，不過在這倒是可以盡情發揮創意。

萩尾望都《托馬的心臟 I》

小学館｜2007年7月｜1400 日圓

封面用圖｜萩尾望都

開本	148×210mm A5判
裝幀	平裝 326頁

	用紙	印刷・加工
書衣	OKミューズガリバーHG 高白色 菊判直絲76.5kg	三色（DIC359＋DIC546.5＋黑墨）｜霧面PP上光 燙銀一次（村田金箔 消光銀 No.24）
書腰	FB堅紙 白 四六判直絲110kg	二色（DIC359＋黑墨）｜霧面上光
封面	OKエルカード＋ K判橫絲15.5kg	一色（DIC359）｜霧面上光
扉頁	エコラシャ 純白 四六判直絲100kg	一色（DICG197）（封面裡、封底裡，及其對頁）
書名頁	OKミューズガリバーHG 高白色 菊判直絲62.5kg	正面四色印刷｜反面一色（DIC621）

7 將主題具體化

這單元我整理了一些找出作品主題，予以具體化的例子。

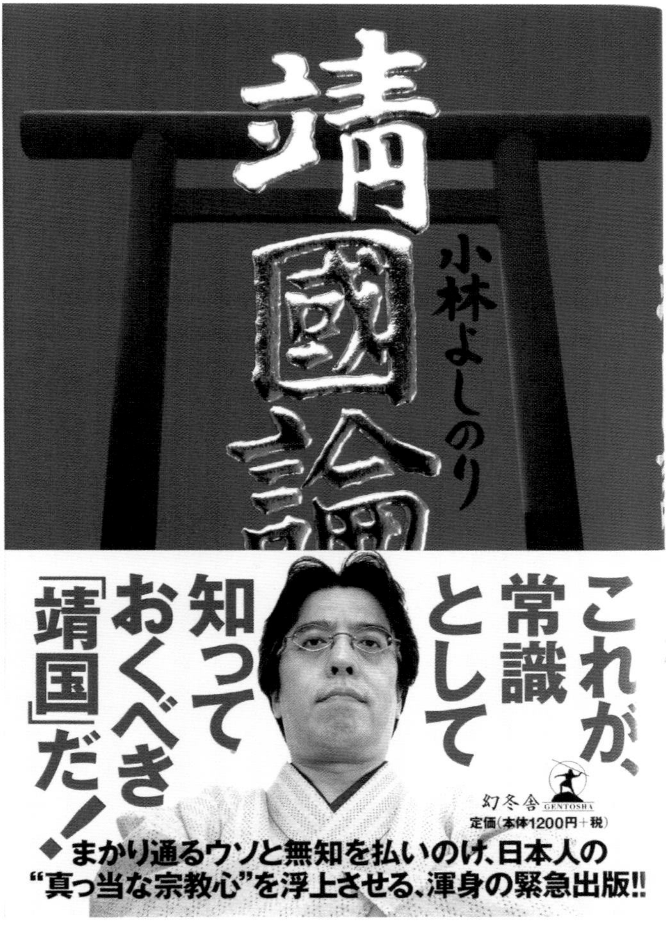
靖國論
小林よしのり
これが、常識として知っておくべき「靖国」だ！
幻冬舎
GENTOSHA
定価（本体1200円＋税）
◆まかり通るウソと無知を払いのけ、日本人の
“真っ当な宗教心”を浮上させる、渾身の緊急出版!!

第1頁扉頁

第3頁扉頁

第4頁扉頁與書名頁

這些照片都是我實際去靖國神社拍的，試圖表現從入口的鳥居開始，一路往本殿走去的感覺。書衣和封面放的是第一座鳥居，四頁前扉頁的第一頁是第二座鳥居，第三頁是本殿前面的木鳥居，第四頁扉頁與書名頁則是本殿。為求風格統一，從書衣到書名頁都是用同一種紙張。穿過三座門徐徐接近本殿的距離感——我就是想演繹靖國神社與我們尋常百姓之間，那種既近又遠，清楚又陌生的感覺。

小林善紀《新傲骨宣言SPECIAL 靖國論》

幻冬舍｜2005年8月｜1200 日圓

封面攝影｜髙橋和海・封面題字｜大迫閑歩

開本	148×210mm A5判
裝幀	平裝 208頁

	用紙	印刷・加工
書衣	OKミューズガリバーしろもの 白S 菊判橫絲76.5kg	四色印刷｜霧面PP上光 重度燙金一次（村田金箔 金 No.9）
書腰	OKトップコートS 菊判橫絲76.5kg	四色印刷｜亮面上光
封面	OKスーパーエコプラス 菊判直絲139kg	四色印刷｜亮面上光
扉頁	OKミューズガリバーしろもの 白S 菊判橫絲76.5kg	四色印刷
書名頁	OKミューズガリバーHG 高白色 菊判橫絲76.5kg	正面四色印刷｜反面一色（黑墨）

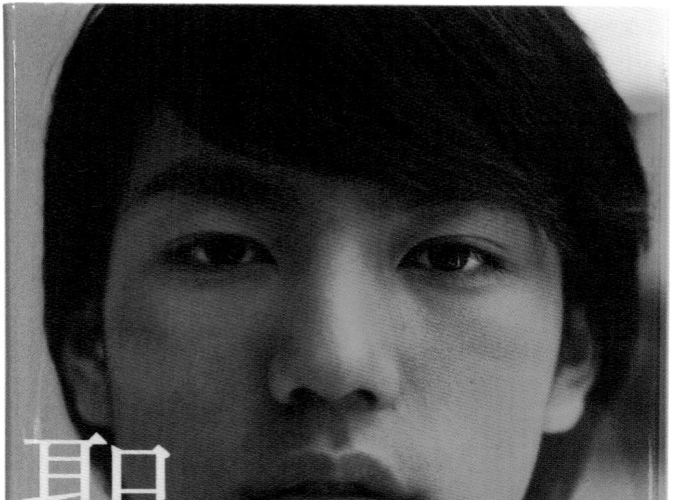
聖少年
檀上りく
今年度もっとも
切ない結末!!
残酷で、はかなくて、
狂おしい、
少年たちの物語
小学館
定価:1995円
本体1900円

僕らの秘密を
誰にも知られちゃいけないよ

描述高中生為了錢，出賣肉體的故事。一般都會背對鏡頭，加上插畫弄得模糊一點，試圖用「隱藏」的手法表現主角的心虛……。總覺得這手法鑾老套的，於是決定來記直球，呈現「這個人就在這裡！」像是紀錄片般寫實的感覺。除了內頁之外，從書衣、扉頁到書名頁都放上少年的各種生活照。封面這位詮釋「聖少年」這般純潔印象的少年，其實是小柳TOM先生（Brother Tom）的兒子，隸屬模特兒經紀公司旗下藝人的他，以新人之姿活躍影劇界，曾參與NHK晨間連續劇演出。書腰的手寫字就是他的親筆。

檀上陸《聖少年》	
小学館｜2005年10月｜1900 日圓	
封面攝影｜大橋仁・封面攝影｜小柳友（Central Japan）	

開本	128×188mm 四六判
裝幀	精裝方背 432頁

	用紙	印刷・加工
書衣	OKトリニティNaVi 四六判直絲135kg	四色印刷｜亮面PP上光
書腰	OKトリニティNaVi 四六判直絲110kg	二色（黑墨＋DIC200）｜亮面上光
封面	OKトリニティNaVi 四六判直絲110kg	四色印刷｜亮面PP上光
扉頁	OKトリニティNaVi 四六判直絲110kg	四色印刷｜亮面PP上光
書頭布	1R（◯伊藤信雄商店）	
絲帶	22（●伊藤信雄商店）	
書名頁	OKトリニティNaVi 四六判直絲90kg	四色印刷

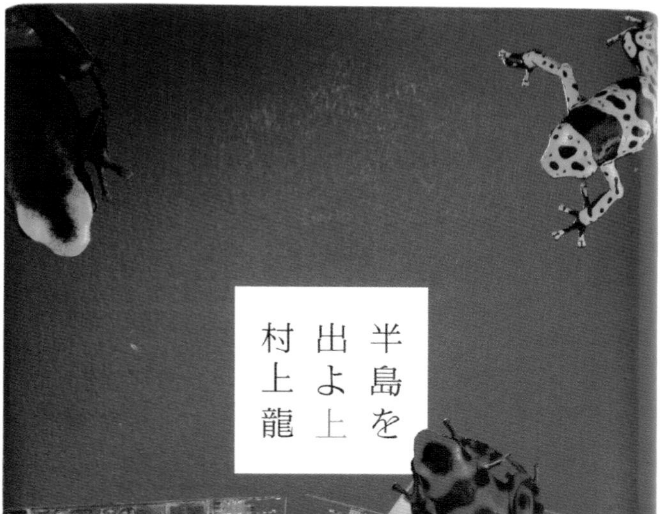
半島を出よ 上
村上龍
定価（本体1800円＋税） 幻冬舎 GENTOSHA
幻冬舎創立11周年記念特別書き下ろし作品
北朝鮮のコマンド9人が開幕戦の福岡ドームを武力占拠し、2時間後、複葉輸送機で484人の特殊部隊が来襲、市中心部を制圧した。彼らは北朝鮮の「反乱軍」を名乗った。
財政破綻し、国際的孤立を深める近未来の日本に起こった奇蹟。

上冊的扉頁與書名頁

下冊

一般都能從內容抓出設計的主題元素，但我也遇過完全不是這麼回事的例子。以書裡的關鍵角色「箭毒蛙」，搭配福岡機場空照圖的設計就是一例。記得我第一次在生物圖鑑上看到箭毒蛙時，心想：「哇！這小東西還真有趣呢。」後來在葛西那裡找到一間專賣這種南美箭毒蛙的店，看到本尊時，更是震撼。我們借了二十幾隻箭毒物來拍攝，再挑選適合的箭毒蛙照片與機場空照圖合成。其實我也不是很有把握能營造出一種山雨欲來，死守家園的緊張感，但很希望呈現村上先生小說中那種不安、異常又挑釁的氛圍。

村上龍《出走半島》上冊

幻冬舍｜2005年3月｜上冊 1800 日圓・下冊 1900 日圓

封面箭毒蛙攝影｜髙橋和海

衛星照片來源｜日本SPACEIMAGING股份有限公司

開本	128×188mm 四六判
裝幀	精裝圓背上冊 432頁・下冊 504頁

	用紙	印刷・加工
書衣	OKスーパーエコプラス 四六判直絲135kg	四色印刷｜霧面上光｜局部亮光
書腰	回生GA 白 四六判直絲100kg	一色（黑墨）
封面	上冊 エコラシャ 青色 四六判直絲100kg	一色（DICN724）
	下冊 エコラシャ 深紅色 四六判直絲100kg	一色（DICN888）
扉頁	OKスーパーエコプラス 四六判直絲110kg	四色印刷
書頭布	47R（●伊藤信雄商店）	
絲帶	上冊 61（●伊藤信雄商店）｜下冊 55（●伊藤信雄商店）	
書名頁	OKスーパーエコプラス 四六判直絲90kg	上冊 四色印刷｜下冊 二色（DICN724＋黑墨）

きもの熱
清野恵里子
写真＝浅井佳代子
恵里子さんは
美しいきものだけを引き寄せる
磁石を持っているような気がする。
―― 樋口可南子
文筆家・
清野恵里子の好評既刊。
集英社 定価2940円 本体2800円

作者是位和服專家，希望透過這本書介紹和服的魅力。我將身穿和服的模特兒照片、和服和腰帶等圖片排列組合，思索這些和服相關的物品中，什麼最能表達一個人對和服的狂熱？那不就是和服腰帶上的「綁帶」？會收藏很多這類東西的人，挺有趣的，不是嗎？（笑）於是我請作者將她收藏的綁帶排好，經過壓紋（壓凸）處理後，綁帶呈現浮雕般的視覺效果，就像黏在書上似的，不過光看圖片可能無法理解吧。

清野惠理子《和服熱》	
集英社｜2005年4月｜2800 日圓	
封面攝影｜淺井佳代子	
開本	148×210mm A5判
裝幀	精裝方背 192頁

	用紙	印刷・加工
書衣	OKミューズガリバーリラ 白S 菊判橫絲93.5kg	四色印刷｜亮面上光｜打凹一次
書腰	OKミューズガリバーしろもの 白S 菊判橫絲76.5kg	一色（黑墨）｜霧面上光
封面	OKミューズコットン 藍色 四六判橫絲90kg	一色（黑墨）
扉頁	ゴールデンアロー 白 菊判橫絲76kg	無
書頭布	15R（●伊藤信雄商店）	
絲帶	2（○伊藤信雄商店）	
書名頁	OKミューズガリバーしろもの 自然色 菊判橫絲62.5kg	正面二色（黑墨＋DICN753）｜反面四色印刷

あの日にドライブ

荻原浩

人生、今からでも車線変更は可能だろうか。

元銀行員のタクシー運転手は、自分が選ばなかった道を見てやろうと決心した。

『明日の記憶』（山本周五郎賞受賞）の著者、最新長編！

光文社

北林優《Sugar the kit 兄弟》（德間書店）

原本是銀行高階主管的男主角慘遭裁員後，只好開計程車維生。某天他開著計程車來到學生時代住過的城鎮，意外載到初戀情人……理所當然，計程車就是這本書的主題。於是我向多摩川附近一家計程車公司租了輛計程車，停在多摩川堤防邊，從各種角度拍攝，前前後後拍了一個多小時。另一本書也是採同樣手法，故事背景在沖繩，敘述坐上粉紅色凱迪拉克的老爺爺和少女，意外捲入美軍殺人案的推理情節，所以主題就是粉紅色凱迪拉克。我們找到一間專門出租電影道具的公司，他們剛好有這車款，於是借來停在路邊拍攝。這兩本都是從小說內容抓出設計主題的典型例子。

萩原浩《那一天的選擇》

光文社｜2005年10月｜1500 日圓

封面攝影｜高橋和海

開本	128×188mm 四六判
裝幀	精裝圓背 296頁

	用紙	印刷・加工
書衣	OKトップコートS 四六判直絲110kg	四色印刷｜亮面PP上光
書腰	OKトップコートS 四六判直絲110kg	一色（黑墨）｜亮面上光
封面	OKトップコートS 四六判直絲110kg	一色（DIC166）｜亮面PP上光
扉頁	OKトップコートS 四六判直絲110kg	無
書頭布	73（●伊藤信雄商店）	
絲帶	32（●伊藤信雄商店）	
書名頁	OKトップコートS 四六判直絲90kg	二色（DIC166 印刷二次）

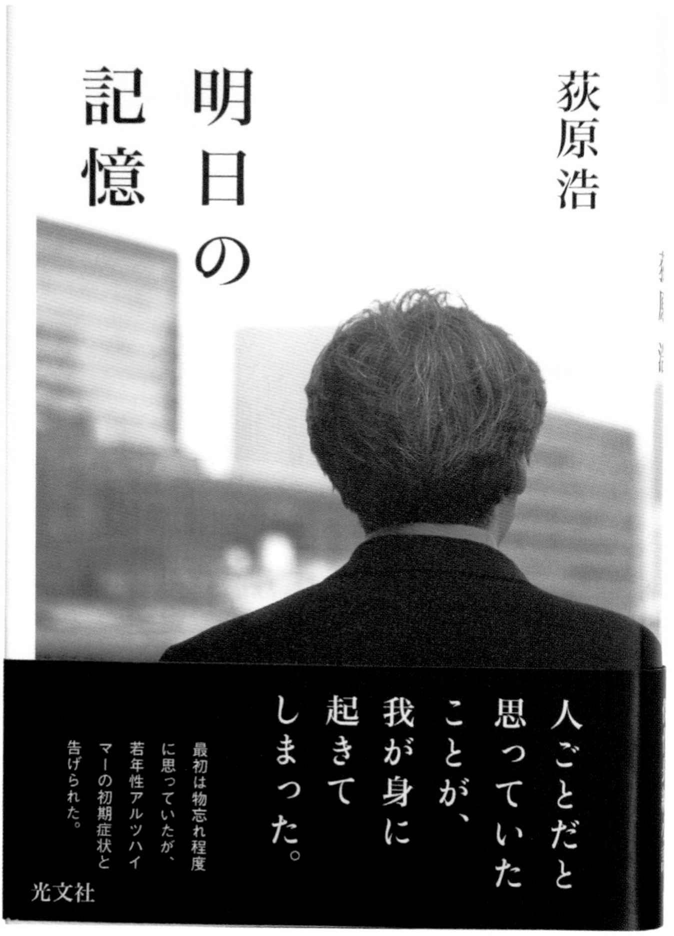
明日の記憶
荻原浩
人ごとだと思っていたことが、我が身に起きてしまった。
最初は物忘れ程度に思っていたが、若年性アルツハイマーの初期症状と告げられた。
光文社

這也是本主題明確的小說，講的是中年男子罹患阿茲海默症的故事，不過……這主題好像很難圖像化喔（笑）。既然如此，直接拍顆真人的頭，不是挺有意思嗎？因為男主角是廣告公司高階主管，加上電通附近有適合的外景地，便決定在那附近取景。模特兒是我認識的一位攝影師，以前在派對上第一次見到他時，便對他那端正的頭形印象十分深刻呢（笑）。他倒也爽快答應演出……雖然是顆普普通通的頭，感覺卻很真實，不是嗎？

萩原浩《明日的記憶》	
光文社｜2004年10月｜1500 日圓	
封面攝影｜高橋和海	
開本	128×188mm 四六判
裝幀	精裝圓背 332頁

	用紙	印刷・加工
書衣	OKスーパーエコプラス 四六判直絲110kg	四色印刷｜霧面PP上光
書腰	OKトップコートマット 四六判直絲110kg	一色（黑墨）｜霧面上光
封面	色上質 銀鼠色 特厚口	一色（黑墨）｜霧面上光
扉頁	OKスーパーエコプラス 四六判直絲110kg	無
書頭布	73（◎伊藤信雄商店）	
絲帶	51（●伊藤信雄商店）	
書名頁	OKスーパーエコプラス 四六判直絲90kg	一色（DICG13）

石田衣良
美丘
mioka
Ishida Ira
美丘、きみは覚えているだろうか。
ぼくときみがいっしょに暮らしはじめた八月。
あの夏の光と夜のやさしさを——。
残された命を見つめ、限りある生を全力で走り抜けた美丘。彼女が生きたことの証として最期を見届ける太一。奇跡のラストシーンに向かって魂を燃焼しつくした恋人たちを描く、号泣の物語。
角川書店

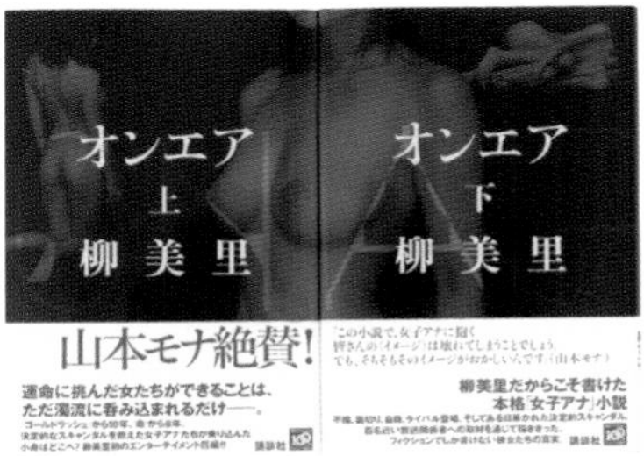

柳美里《on air》（講談社）

描述罹患重病的女孩，與癡心守護她的男孩之間動人的愛情故事，因為小說裡男女情愛場面蠻多的，想說是不是就放張男女裸體交纏的封面圖……於是就試著這麼做了（笑）。女模特兒是位AV女優，男模特兒則是角川書店的員工，兩人就這樣袒裎入鏡。幸好負責拍照的是位女攝影師，現場氣氛不會很尷尬——不然就麻煩了。後來發行文庫版時，出版社要求「女模特兒的臀部要修掉」。總之，盡可能拍出很美，很自然的感覺，一切交由攝影師發揮囉。聽說後來攝影師中川小姐還應客戶要求，接了不少類似的案子呢（笑）。採同樣拍攝手法的作品，還有最近出版的柳美里小姐的《on air》。

石田衣良《美丘》

角川書店｜2006年10月｜1500 日圓

封面攝影｜中川正子．模特兒｜花野心＋大伴賢太

開本	128×188mm 四六判
裝幀	精裝圓背 296頁

	用紙	印刷．加工
書衣	OKミューズガリバーHG 高白色 四六判直絲110kg	四色印刷｜霧面PP上光
書腰	OKミューズガリバーHG 高白色 四六判直絲110kg	二色（黑墨＋DICG19）｜霧面上光
封面	OKミューズガリバーHG 高白色 四六判直絲110kg	一色（DICG19）｜霧面上光
扉頁	エコラシャ 絹鼠色 四六判直絲100kg	無
書頭布	1R（◯伊藤信雄商店）	
絲帶	21（●伊藤信雄商店）	
書名頁	OKミューズガリバーしろもの 自然色 四六判直絲90kg	一色（DICG19）

Piss ピス 室井佑月
ビートたけし氏
生きるのに飽きたら
ムロイを読め。
絶讃!
講談社 定価:本体1500円(税別)
クレイジーな愛と性を描く最新作品集

因為小說裡有個喜歡喝應召女小便的變態老頭，而且書名「Piss」就是「小便」的意思，所以也就理所當然以這主題來設計。這個看起來很像法國名牌Baccarat的玻璃杯，其實是綜合許多玻璃杯的樣子，用電腦繪圖做出來的，杯子裡的尿液也是經過電腦繪圖處理而成。

室井佑月《Piss》

講談社｜1999年9月｜1500 日圓

封面用圖（CG）｜桑原大介

開本	128×188mm 四六判
裝幀	精裝圓背 244頁

	用紙	印刷・加工
書衣	NKベルネ 四六判直絲90kg	四色印刷｜亮面PP上光
書腰	NKベルネ 四六判直絲90kg	一色（黑墨）｜亮面PP上光
封面	スーパーコントラスト 超黑 四六判直絲100kg	一色（黑墨）
扉頁	スーパーコントラスト 超黑 四六判直絲100kg	無
書頭布	19C（●伊藤信雄商店）	
絲帶	40（●伊藤信雄商店）	
書名頁	NKベルネ 四六判直絲90kg	?一色（DIC621）

破裂
RUPTURE
KUSAKABE YO
久坂部羊
医者は、
三人殺して初めて、
一人前になる。
幻冬舎
GENTOSHA
衝撃のデビュー作『廃用身』を超えるスケールと面白さ。書き下ろし、1143枚!
絶讃の三連発!
これぞ、新世紀版『白い巨塔』! 佳多山大地
まさに悪魔の計画書である。中条省平
超新星が振るう大胆なメス。香山二三郎

這是本題材十分驚悚的醫療小說，醫師竟然不是竭盡心力治療重症患者，而是注射藥物導致患者心臟破裂死亡，讓死因看起來像是心臟病發作，可說殺人不留痕跡。我嘗試以電腦繪圖重現心臟迸裂的感覺，碰巧有後輩在做醫學方面的電腦繪圖工作，她的父親也是醫師，於是便委託她幫忙製作。歪斜的書名字體也是配合心臟迸裂的感覺設計的。

久坂部羊《破裂》

幻冬舍｜2004年11月｜1800 日圓

封面用圖（CG）｜皆川滿（META Corporation Japan）

開本	128×188mm 四六判
裝幀	精裝圓背 452頁

	用紙	印刷．加工
書衣	OKトップコートS 白 四六判直絲110kg	二色（黑墨＋DIC621）｜亮面PP上光｜燙銀一次（村田金箔 銀）
書腰	OKトップコートS 白 四六判直絲110kg	二色（黑墨＋DIC2483）｜亮面PP上光
封面	OKトップコートS 白 四六判直絲110kg	一色（DIC621）｜亮面PP上光
扉頁	OKトップコートS 白 四六判直絲110kg	無
書頭布	73（㈱伊藤信雄商店）	
絲帶	72（㈱伊藤信雄商店）	
書名頁	OKトップコートS 白 四六判直絲90kg	一色（DIC621）

西田俊也
Nishida Toshiya
復活の恋人
事故で20年間、眠り続けた
中3のぼくは、34歳で目覚めた。
古都・奈良で、現代の「浦島太郎」になった
青木タモツの、不思議にリアルな恋愛小説。
書き下ろし810枚!
幻冬舎
GENTOSHA
定価(本体1800円+税)

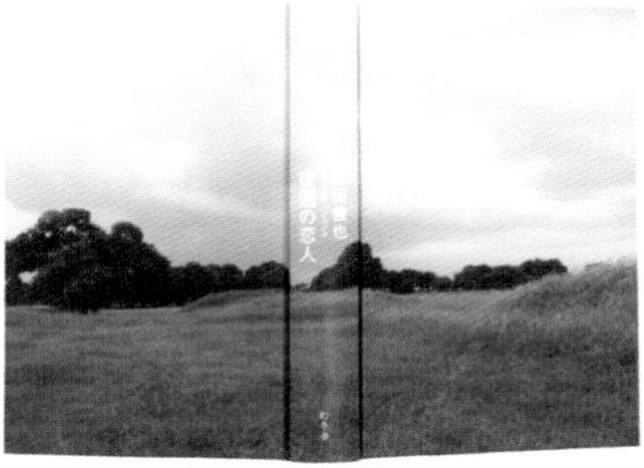

封面

描述國中生好不容易能和心儀的女孩子約會，卻因為一場車禍喪失記憶，昏迷了二十年才醒來的故事。因為男女主角是在奈良的菖蒲池車站重逢，所以我們特地跑到那裡取景，封面圖則是後來造訪的奈良平城京遺跡。總之，就是以照片詮釋男主角的記憶之旅，重現往日情懷的感覺。看過原稿後，會有種想親臨現場的衝動，果然親訪現場拍出來的照片，遠比圖庫的圖片來得有説服力，而且之後重拍的感覺也不一樣。記得拍攝那天正值酷暑夏日，不但熱得滿頭大汗，還辛苦的當天往返呢。

西田俊也《復活戀人》

幻冬舍｜2008年10月｜1800 日圓

封面攝影｜高橋和海

開本	128×188mm 四六判
裝幀	精裝圓背 408頁

	用紙	印刷・加工
書衣	OKスーパープラスター7C 四六判直絲110kg	四色印刷｜霧面上光
書腰	クロマティコ 芒果色 640×920mm横絲59kg	一色（黑墨）
封面	OKスーパープラスター7C 四六判直絲110kg	四色印刷｜霧面上光
扉頁	OKプラスター7C 自然色 四六判直絲110kg	無
書頭布	3R（◯伊藤信雄商店）	
絲帶	22（●伊藤信雄商店）	
書名頁	OKプラスター7C 自然色 四六判直絲90kg	一色（DIC2059）

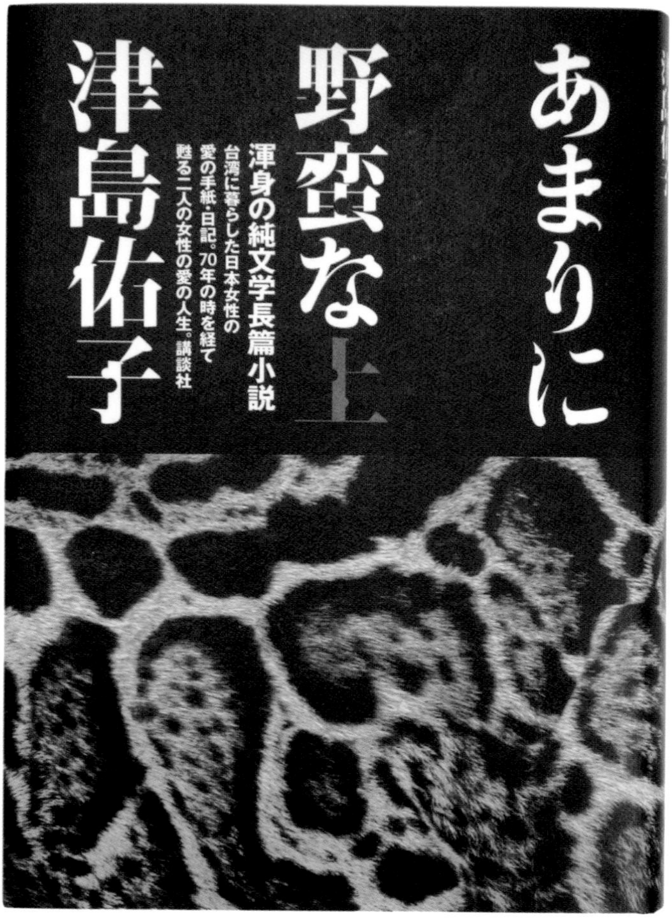
あまりに
野蛮な
上
渾身の純文学長篇小説
台湾に暮らした日本女性の
愛の手紙・日記。70年の時を経て
甦る二人の女性の愛の人生。講談社
津島佑子

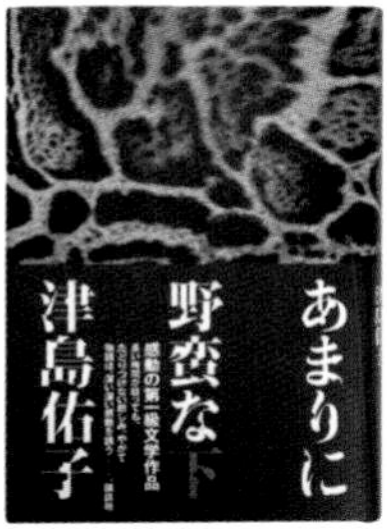

下冊

背景是日治時期的台灣，描述任教於大學的丈夫，與鄉下出身的妻子之間無奈又衝突不斷的人生。飽受男權社會不平等待遇的妻子，與小說中描述的野生雲豹那種強悍、神聖不可侵犯的模樣，呈現強烈對比，所以雲豹是我想凸顯的主題，也很契合書名「野蠻」的感覺……。為了拍攝雲豹，我走訪日本許多地方，總算在岡山津山市的「津山奇妙自然博物館」找到雲豹的標本，隨即請攝影師跑一趟拍攝。附帶一提，上下冊的設計是有關連的。

津島佑子《太過野蠻的》上冊

講談社｜2008年11月｜各2000 日圓

封面攝影｜高橋和海

開本	128 ×188mm 四六判
裝幀	精裝圓背 上冊 360頁・下冊 356頁

	用紙	印刷・加工
書衣	ヴァンヌーボV 白 四六判直絲130kg	四色印刷 ｜霧面上光
封面	OKトップコートS 四六判直絲110kg	四色印刷｜燙金一次（村田金箔 金 No.7）
扉頁	ゴールデンアロー 白 四六判直絲110kg	無
書頭布	19C（●伊藤信雄商店）	
絲帶	22（●伊藤信雄商店）	
書名頁	ゴールデンアロー 雪白色 四六判直絲110kg	一色（黑墨）

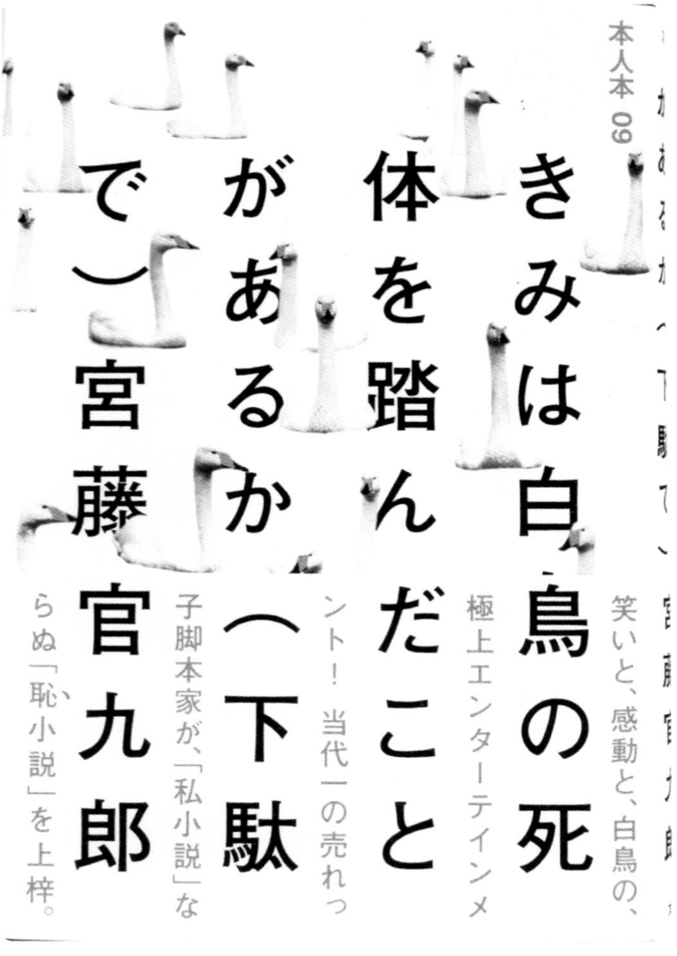
本人本 09
きみは白鳥の死体を踏んだことがあるか（下駄で）
宮藤官九郎
笑いと、感動と、白鳥の、極上エンターテインメント！ 当代一の売れっ子脚本家が、「私小説」ならぬ「恥小説」を上梓。

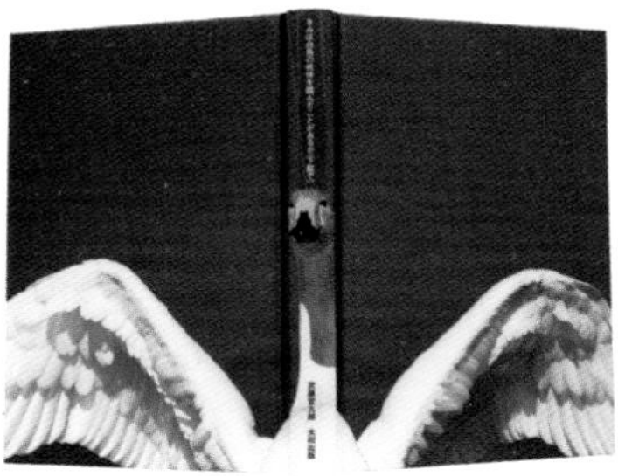

封面

宮藤官九郎先生的自傳小説，敘述記憶中那段交雜著歡笑與涙水的青春歲月。故事背景是作者國高中時居住的城鎮，那裡也是有名的白鶴之城。官九郎先生希望能用專門拍攝白鶴的知名攝影師川嶋小姐的作品來設計，於是我從川嶋小姐的作品中挑選適合的照片。為了凸顯書名，我修掉了湛藍的湖面，當然也很猶豫這麼做好嗎……？封面則是簡單地放了隻白鶴，以書背為中心點，將封面上下抖動時，白鶴彷彿振翅飛翔……。總之，這也是活用書的構造讓一本書變得更有趣的例子。

宮藤官九郎《你踩過白鶴的屍體嗎？（穿著木屐）》

太田出版｜2009年10月｜1333 日圓

封面攝影｜川嶋保美（HASAMA會館）

開本	128×188mm 四六判
裝幀	精裝圓背 248頁

	用紙	印刷・加工
書衣	OKプリンス上質 四六判直絲110kg	二色（黑墨＋DIC124）｜霧面上光
書腰	OKプリンス上質 四六判直絲90kg	二色（黑墨＋DIC124）｜霧面上光
封面	OKトップコートS 四六判直絲110kg	四色印刷｜亮面PP上光
扉頁	エコラシャ 黑 四六判直絲100kg	無
書頭布	19C（●伊藤信雄商店）	
絲帶	4（●伊藤信雄商店）	
書名頁	エコラシャ 黃色 四六判直絲100kg	一色（DIC124）

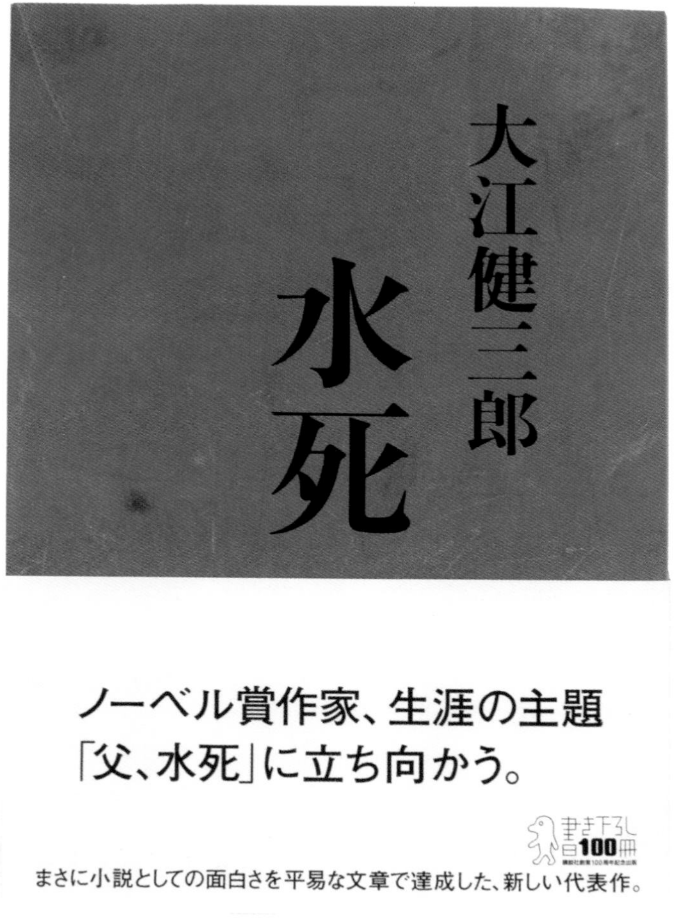
大江健三郎
水死
ノーベル賞作家、生涯の主題
「父、水死」に立ち向かう。
書き下ろし100冊
講談社創業100周年記念出版
まさに小説としての面白さを平易な文章で達成した、新しい代表作。

因為作者的文學造詣一流，所以看完原稿後的我，實在很懷疑自己究竟理解多少作者想要表達的意思。創作的動機來自故事一開始主角父親的遺物——紅色手提包。我在下北澤的一家古董店找到一個手提包，並用它的表面質感直接作為封面底圖。說來有點不好意思，但這也是沒辦法中的辦法。

大江健三郎《水死》	
講談社｜2009年12月｜2000 日圓	
開本	132×188mm 四六判
裝幀	軟精裝 440頁｜本文天不裁切

	用紙	印刷・加工
書衣	Mr.B 白 四六判直絲135kg	四色印刷｜亮面上光｜燙黑一次（村田金箔 黑）
書腰	コニーラップ 白 ハトロン判橫絲129.5kg	一色（黑墨）｜霧面上光
封面	Mr.B 白 四六判直絲180kg	四色印刷｜亮面上光
扉頁	FB堅紙 白 四六判直絲135kg	無
絲帶	44（●伊藤信雄商店）	
書名頁	ぐびき 黑 四六判直絲100kg	一色（不透明白）

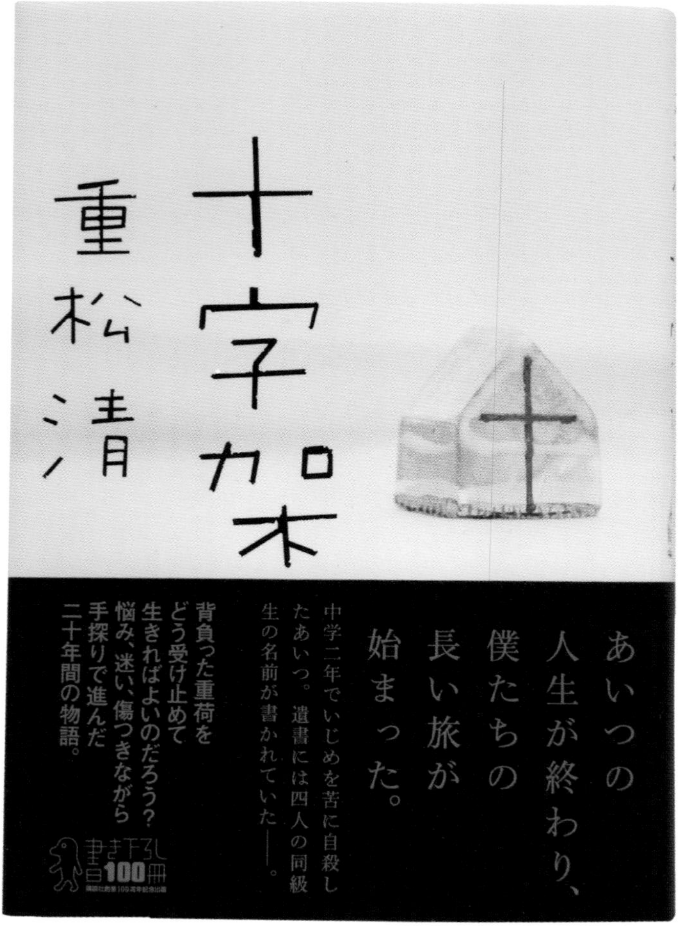
十字架
重松清
あいつの人生が終わり、
僕たちの長い旅が始まった。
中学二年でいじめを苦に自殺したあいつ。遺書には四人の同級生の名前が書かれていた——。
背負った重荷をどう受け止めて生きればよいのだろう?
悩み、迷い、傷つきながら手探りで進んだ二十年間の物語。
書き下ろし100冊
講談社創業100周年記念出版

描述慘遭霸凌的國中生自殺後，他的家人與同學們二十年來揹負贖罪十字架而活的故事。我想到用「十字架」這個再鮮明不過的視覺符號，表現這般直接又沉重的主題，呈現相互傷害的人們祈願重生，一種看似虛無卻又具體的意念。想起之前曾在藝術博覽會看過鳥原正敏先生一些造型凜然獨特的陶藝作品，於是情商他幫忙。沒想到鳥原先生居然將三十幾件作品全彩繪上十字架！結果我只選了其中一件來用，對於他的傾囊協助真的很感謝，也很不好意思。

重松清《十字架》

講談社｜2009年12月｜1600 日圓

封面物品｜鳥原正敏・封面攝影｜岩田和美

開本	132×188mm 四六判
裝幀	精裝圓背 320頁

	用紙	印刷・加工
書衣	OKミューズガリバーHG 高白色 四六判直絲110kg	四色印刷｜霧面PP上光
書腰	OKミューズガリバーHG 高白色 四六判直絲110kg	二色（DIC2600＋黑墨）｜霧面上光
封面	タントセレクトTS-1 N-9 四六判直絲100kg	一色（黑墨）
扉頁	NTラシャ 深藍色 四六判直絲100kg	無
書頭布	45R（●伊藤信雄商店）	
絲帶	52（◯伊藤信雄商店）	
書名頁	OKミューズガリバーHG 高白色 四六判直絲90kg	一色（DIC619）

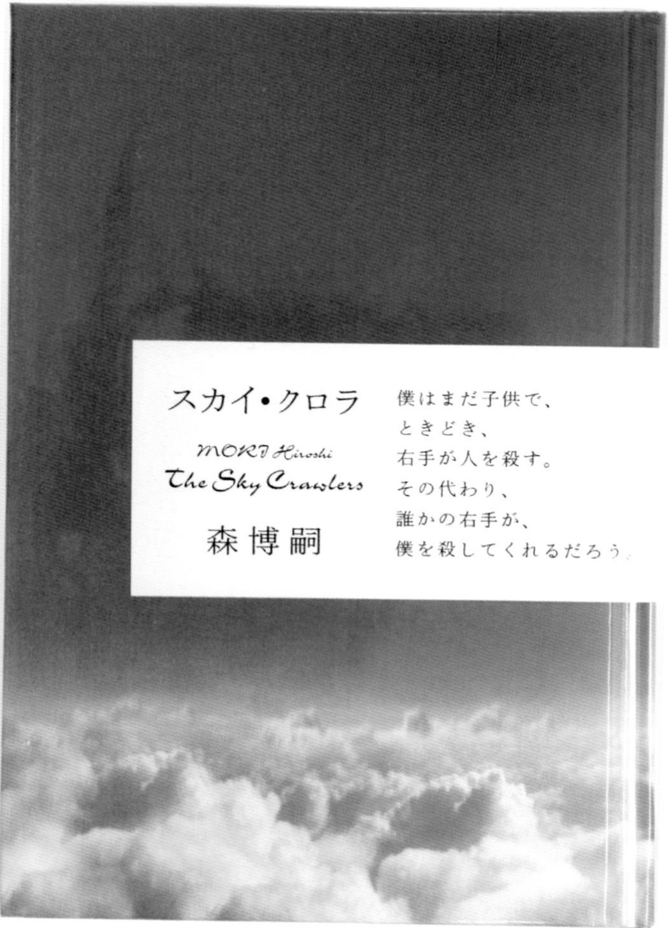
スカイ・クロラ
MORI Hiroshi
The Sky Crawlers
森博嗣
僕はまだ子供で、
ときどき、
右手が人を殺す。
その代わり、
誰かの右手が、
僕を殺してくれるだろう。

森博嗣著。
右起《Non but Air》、《Down to Heaven》、《Cradle the Sky》（中央公論新社）。

雖然是講一個少年駕駛飛機的故事，但作者森先生不希望設計上出現任何關於飛機的圖案，所以我想說用「天空」來表現。從圖庫挑選適合的圖片，封面是滿版的天空，再覆上透明材質的書衣，營造一種隔絕外頭空氣的感覺。本來以為一本便結束，沒想到連續出了好幾本，我也就配合每一本內容挑選適合的圖片，沒想到這類圖片還蠻多呢。挑選圖片時，感覺好像在搭飛機呢。後來這部作品改拍成電影，但我還沒看就是了……。

森博嗣《空中殺手》

中央公論新社｜2001年6月｜1900 日圓

封面攝影｜岸本淳／amanaimages

開本	131×191mm 四六判
裝幀	精裝方背 308頁

	用紙	印刷・加工
書衣	p.p.シート 0.2mm厚	絹印二色（黑墨＋不透明白）（從內側印刷）
封面	OKトップコートS 四六判直絲110kg	四色印刷｜亮面PP上光
扉頁	OKトップコートS 四六判直絲110kg	四色印刷｜亮面PP上光
書頭布	103（●伊藤信雄商店）	
絲帶	14（●伊藤信雄商店）	
書名頁	OKトップコートS 四六判直絲90kg	二色（洋紅色＋青色）

WAMDUE PROJECT
Break n' Bossa
EVERY DOG HAS ITS DAY
LARRY HEARD
LOVE'S ARRIVAL
COMBO PIANO
PROGRESSION SESSIONS
MI 2015
PERIFERICO
MILANO 2008

8 結合藝術作品的創意設計

我從學生時代就有購買畫冊和攝影集的習慣，所以這單元介紹一些以手邊現有素材設計的例子。不過有些例子就算問我：「為什麼要這樣設計？」我也說不上來……總之，就是一時想到的「靈感」。

どこにもない国
F
柴田元幸＝編訳
あなたの
〈いま・ここ〉が
ゆらぐ――
奇怪な、けれど
妙に切ない
9つの物語
松柏社 定価：本体二、二〇〇円＋税

桐野夏生《Rose Garden》（講談社）

封面是 Olivia Parker 小姐的攝影作品，感覺與書名十分契合。這本《Weighing the Planets》攝影作品集真的很棒，印刷得非常精美，令人愛不釋手。記得我還模仿過她那重現照片風采的特殊手法。《Rose Garden》則是使用 Terri Weifenbach 小姐專門拍攝庭園花草樹木特寫的作品，因為是桐野小姐的著作，本來想設計得娛樂性一點，最後還是決定走高雅路線。

柴田元幸 編譯《虛構國度——近代美國幻想小說集》

松柏社｜2006年6月｜2200 日圓

封面攝影｜Olivia Parker「Adam and Eve A.D.」

開本	128×188mm 四六判
裝幀	精裝圓背 316頁

	用紙	印刷・加工
書衣	OKスーパーエコプラス 四六判直絲135kg	四色印刷｜亮面上光
書腰	プライク 紅色 720×1020mm橫絲103kg	一色（黑墨）
封面	OKスーパーエコプラス 四六判直絲110kg	一色（黑墨）｜亮面上光
扉頁	スーパーコントラスト 超黑 四六判直絲100kg	無
書頭布	19C（●伊藤信雄商店）	
絲帶	22（●伊藤信雄商店）	
書名頁	スーパーコントラスト 超白 四六判直絲100kg	一色（DIC2492）

若合春侑
わかいすう
かげろふ
蜉蝣
一緒に死んで、一緒に生きる
私はあなたを選んだの
官能と禁忌に弄ばれた女の性を描く、落涙の純愛小説

這張圖是伊藤晴雨的緊縛畫。我曾設計過新潮社出版的豪華限量三百五十本，一本定價五萬日圓左右的晴雨畫集，這本用的就是《美人亂舞》系列版畫的其中一幅。記得完成時，還忍不住嘆道：「啊～感覺真不錯」……。雖然畫風不是很陰森，但畫中女人那頭亂髮可說鬼氣逼人。順便八卦一下，聽說晴雨和目前相當活躍的日本畫家松井冬子小姐可是后不見后的死對頭呢。

若合春侑《蜉蝣》
角川書店｜2003年6月｜1700 日圓
封面用圖｜伊藤晴雨《美人亂舞》

開本	128×188mm 四六判
裝幀	精裝圓背 208頁

	用紙	印刷・加工
書衣	Mr.B off white 四六判直絲135kg	四色印刷｜亮面上光
書腰	里紙 柿色 四六判直絲100kg	一色（黑墨）｜霧面上光
封面	新鳥の子 淺鼠色 四六判直絲90kg	一色（DICN731）
扉頁	新鳥の子 淺鼠色 四六判直絲90kg	無
書頭布	25R（●伊藤信雄商店）	
絲帶	42（●伊藤信雄商店）	
書名頁	まんだら 石竹色 四六判直絲薄口	一色（DICN731）

天使だけが
聞いている
12の物語
ヘレン・フィールディングほか＝著
ニック・ホーンビィ＝編
亀井よし子・土屋晃ほか＝訳
Speaking with the Angel Edited by Nick Hornby
ヘレン・フィールディング——『ブリジット・ジョーンズの日記』
メリッサ・バンク——『娘たちのための狩りと釣りの手引き』
アーヴィン・ウェルシュ——『トレインスポッティング』
ニック・ホーンビィ——『ハイ・フィデリティ』
ゼイディー・スミス——『ホワイト・ティース』
コリン・ファース——映画『ブリジット・ジョーンズの日記』主演男優 etc.……
stories for singletons
今もっとも注目の12作家が綴った、ちいさな物語。

記得大學時代曾寫過關於芬蘭建築大師 Henrik Aalto 的報告——已經不太記得為什麼會寫這題目了——不過一直覺得大師的作品十分鮮明，質感又好，屬於清爽的北歐風格。此外，大師也設計了不少家具，甚至還設計過編織品。偶然在雜貨店發現一塊圖案十分有趣，由 Aalto 大師設計的編織品，於是便以這塊編織品作為設計素材，也算是從居家用品中獲得靈感吧。總之，這款設計訴求的就是讓讀者興起帶回家當裝飾品擺飾的念頭。

Helen Fielding 等著・Nick Hornby 編
《暈菜的天使》
（龜井喜子＋土屋晃 等譯）
Sony Magazines｜2001年9月｜1600 日圓
封面用圖｜Hugo Henrik Aalto《SIENA》

開本	128 ×188mm 四六判
裝幀	軟精裝 344頁

	用紙	印刷・加工
書衣	コットンライフ 雪白色 四六判直絲146kg	四色印刷｜霧面上光
書腰	アラベール 淡黃色 四六判直絲90kg	❷一色（DIC554）
封面	ニューラグリン 雪白色 四六判直絲189kg	❷二色（DIC2306＋黑墨）
扉頁	ニューラグリン 香草色 四六判直絲112kg	無
書名頁	❷ニューラグリン 雪白色 四六判直絲90kg	❷二色（DIC2306＋黑墨）

疾走

重松清

剥き出しの「人間」どもの営みと、
苛烈を生き抜いた少年の軌跡——。
比類なき感動の結末が待ち受ける、
現代の黙示録。
重松清、畢生の1100枚!

印象中的重松清先生是很溫和的人，這本小說卻完全不是如此，所以我想顛覆一下。雖然是講少年殺人後，畏罪潛逃的故事，通篇卻以第三人稱敘述，有著一種居高臨下的觀點——作品帶了點宗教情懷，慘遭虐待的少年祈求救贖，探討人類生存意義等，之所以選這張畫作為封面圖，就是希望讀者能感受到這些想法。這張畫是住在倫敦的美國藝術家 Phil Hale 的作品，畫功了得，真的很讚。我有收藏他的畫冊，十分佩服他那魄力十足的表現手法，一直想找機會和他合作，沒想到他一口就答應。

重松清《疾走》	
角川書店｜2003年8月｜1800 日圓	
封面用圖｜Phil Hale	
《the anguish of the night recedes before the slow bulb of research》	

開本	132×188mm 四六判
裝幀	軟精裝 496頁

	用紙	印刷・加工
書衣	Mr.B 白 四六判直絲135kg	四色印刷｜亮面上光
書腰	Mr.B off white 四六判直絲110kg	一色（黑墨）｜亮面上光｜燙銀一次（村田金箔 消光銀 No.24）
封面	サンコート 270g/m2	一色（黑墨）（用紙張背面的鼠色面印刷）
扉頁	色上質 黑 四六判橫絲 特厚口	無
絲帶	21（●伊藤信雄商店）	
書名頁	ハイピカ E2F 銀色 四六判直絲68kg	一色（DIC621）

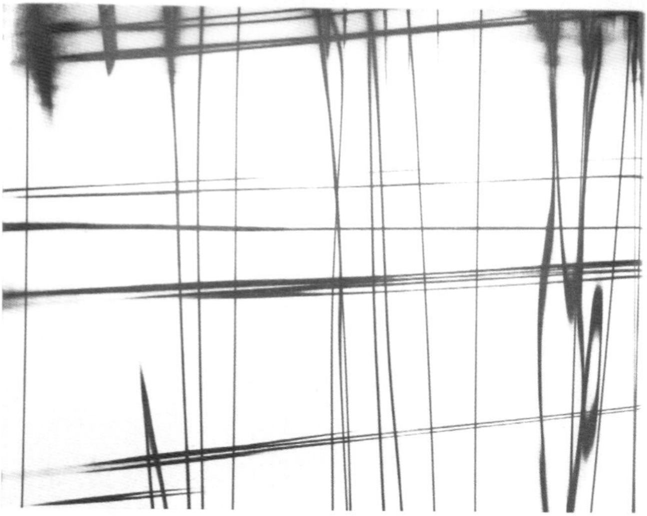

どうでもいいって言ったら、
この世の中本当に何もかもどうでもいいわけで、
それがキミの思想そのものでもあった——。

洗練と節度を極めた文章からあふれ出す、切なくも甘やかな感情。
川端康成文学賞受賞、気鋭の作家が切り取った現代の生のかたち、珠玉の五篇。

ニート

絲山秋子

「ニート」の言葉は、
読む者を鋭く突き刺し、抉ってきます。
傑作小説とは、こんなにも危険で、
こんなにも甘美なものだと、あらためて震えました。
——ダ・ヴィンチ編集長 横里 隆

封面圖是選自攝影師 Wolfgang Tillmans 的作品。雖然是講「尼特族」的故事，但我閱讀後的感受並不具體……怎麼說呢？因為嗅不到一點自卑感。我想這題材要是換人寫的話，也許會寫得窮酸到不行，但這本小說卻予人一股堅毅感，所以我決定來點新嘗試，畢竟要是照「尼特族」給人的既定印象來設計，肯定吸引不了讀者的目光吧。附帶一提，從這幅抽象畫的直、橫線條中，隱約可見「三」、「丨」、「卜」（neat）這三個字，是吧（笑）？

絲山秋子《尼特族》

角川書店｜2005年10月｜1200 日圓

封面攝影｜Wolfgang Tillmans「Super Collider＃1」

開本	128×188mm 四六判
裝幀	精裝圓背 176 頁

	用紙	印刷．加工
書衣	ルミナ白UB ハトロン判橫絲135kg	四色印刷｜亮面上光二次
書腰	OKプリンス上質エコG100 四六判直絲110kg	二色（黑墨＋DIC2593）
封面	クラフトペーパー 素色 ン ハトロン判橫絲108kg	一色（黑墨）
扉頁	ルミナ白UB ハトロン判橫絲135kg	無
書頭布	103（●伊藤信雄商店）	
絲帶	38（●伊藤信雄商店）	
書名頁	クラフトペーパー 素色 ハトロン判橫絲75.5kg	一色（DIC2308）

黄色い雨

フリオ・リャマサーレス　木村榮一　訳

LA LLUVIA AMARILLA

JULIO LLAMAZARES TRANSLATION BY EIICHI KIMURA

この小説を読むことで、
あなたの世界は全てが
変わってしまうだろう。

柴田元幸氏絶賛！

スペインから彗星のごとく出現し、
世界に〈冷たい熱狂〉を巻き起こしつつある、この奇蹟の小説を体験せよ！

Julio Llamazares 著・木村榮一 譯
《狼人的月》（Sony Magazines）

封面圖是二十世紀中期，活躍於巴黎的俄國畫家 Nicolas de Staël 的作品。故事背景是西班牙一處小村落，主角是個已成為亡靈的男子，黃色在小說裡可是個關鍵顏色，亡者眼中的風景究竟是什麼模樣呢？雖然以前就聽聞過這幅畫，但看到真跡時，真的蠻震撼的……。可惜這幅畫畫的是義大利南邊的西西里島（笑）。上圖是作者的第二本著作（日文版），封面圖也是 Nicolas 的作品。

Julio Llamazares《黃色的雨》（木村榮一 譯）

Sony Magazines｜2005年9月｜1700 日圓

封面用圖｜Nicolas de Staël《SICILE》

開本	128×188mm 四六判
裝幀	精裝方背 208頁

	用紙	印刷・加工
書衣	ヴァンヌーボV 白 四六判直絲135kg	四色印刷｜亮面上光
書腰	キュリアスTL Peer yellow A判625×880橫絲55kg	二色（黑墨＋DICN798）｜反面霧面PP上光
封面	サイセイ21 胡椒色 四六判直絲100kg	二色（黑墨＋DIC2070）
扉頁	ビオトープGA 自然色白 四六判直絲90kg	無
書頭布	24C（◎伊藤信雄商店）	
絲帶	52（○伊藤信雄商店）	
書名頁	ビオトープGA 棉花白色 四六判直絲90kg	正面二色（黑墨＋DIC2070）｜反面一色（黑墨）

一瞬の光
白石一文
自由主義経済は必然的に弱者・犠牲者を生む。
この小説は、絶対的に弱者の側に立とうとする人間を
描いていて、それが楽観的すぎる思いこみか、
あるいは希望へとつながるものか、
その判断は読者に委ねられている。村上龍
1000枚書き下ろし!
村上龍氏が推す、期待の新鋭デビュー!

封面圖是和我最常合作的夥伴，攝影師高橋和海先生的原創作品。雖然拍的是夜裡的大樓，但這棟大樓和小說內容一點關係也沒有，純粹只是想藉冷冰冰的商業大樓，訴求人情冷暖的商場百態，讓人感覺大樓彷彿也是個生命體。

白石一文《一瞬之光》

角川書店｜2000年1月｜1800 日圓

封面攝影｜高橋和海

開本	128×188mm 四六判
裝幀	精裝圓背 392頁

	用紙	印刷・加工
書衣	NKラスティ 白 四六判直絲135kg	四色印刷｜霧面上光
書腰	FB堅紙 白 四六判直絲110kg	❷一色（DIC2393）｜霧面上光
封面	モス 中灰色 四六判直絲#130	一色（黑墨）
扉頁	NKラスティ 自然色 四六判直絲110kg	無
書頭布	46DJ（●伊藤信雄商店）	
絲帶	1（○伊藤信雄商店）	
書名頁	NKラスティ 自然色 四六判直絲90kg	❷一色（DIC2393）

これが運命の「ひと」。

気鋭の著者による
最新連作小説

美しくも官能的で、
残酷なまでの思いを
人形に託した人たちの、
切なくもまっすぐな物語。

幻冬舎
GENTOSHA
定価（本体1400円＋税）

這是本以洋娃娃為題的短篇小說集，剛好我喜歡的畫家長井智子小姐的作品，能夠表現這般幻想世界，於是向她情商合作。長井小姐的作品目前主要是在小山登美夫先生開的畫廊發表，我很早以前就注意到她的創作，雖然屬於現代美術風格，卻有著一般插畫家比較欠缺的爆發力。畢竟插畫兼具輔助說明功能，不能太過抽象、前衛吧。不過純粹藝術創作就不用顧慮這一點，可以盡情創作。其實這幅畫很大，親眼看到時，還蠻震撼的。

豐島美穗《小小洋娃娃》

幻冬舍｜2007年6月｜1400 日圓

封面用圖｜長井智子

開本	128×188mm 四六判
裝幀	精裝圓背 232頁

	用紙	印刷・加工
書衣	OKトップコートS 四六判直絲110kg	四色印刷｜亮面PP上光｜燙銀一次（村田金箔 銀）
書腰	スノーフィールド 四六判直絲105kg	二色（黑墨＋DIC46）｜亮面上光
封面	エコラシャ 黑 四六判直絲100kg	一色（DIC621）
扉頁	エコラシャ 黑 四六判直絲100kg	無
書頭布	94（●伊藤信雄商店）	
絲帶	22（●伊藤信雄商店）	
書名頁	New特レーブル輝き 銀色 四六判直絲73kg	二色（DIC25＋DIC105）

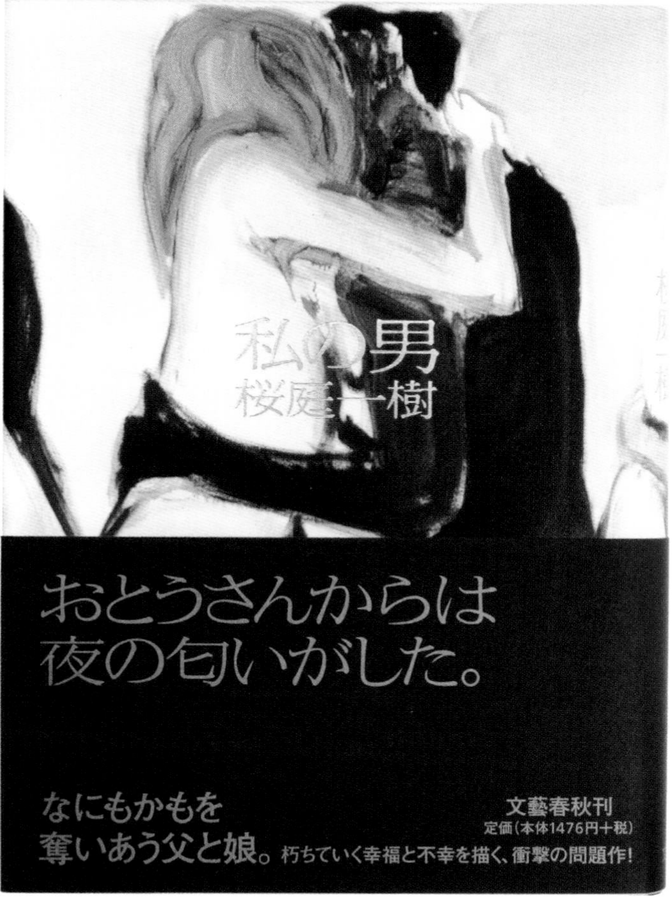
私の男
桜庭一樹
おとうさんからは
夜の匂いがした。
なにもかもを
奪いあう父と娘。
朽ちていく幸福と不幸を描く、衝撃の問題作!
文藝春秋刊
定価（本体1476円十税）

如同書腰文案，這是個關於亂倫的故事。陰森的黑色物體與白色的物體純粹地相互交纏、緊扭在一起，這就是我想用這幅畫作為封面圖的理由。不過這位叫 Marlene Dumas 的畫家，政治色彩相當濃……想說他大概會拒絕吧。沒想到拜託他在日本的接洽窗口——「小柳畫廊」，竟然獲得同意。不過這本書出版後，可能是因為得到直木賞的關係，聽說不少人也向 Dumas 情商出借他的畫作，但都遭到拒絕。我之所以有幸與他合作，可能是基於先說先贏，搶得先機的緣故吧。後來要出文庫本時，這張畫作果然無法再使用……所以就某種意義來說，這是件很珍貴的裝幀設計作品。

櫻庭一樹《我的男人》

文藝春秋｜2007年10月｜1476 日圓

封面用圖｜Marlene Dumas《couples》

開本	128 ×188mm 四六判
裝幀	精裝圓背 384頁

	用紙	印刷・加工
書衣	OKミューズガリバーHG 高白色 四六判直絲110kg	四色印刷｜霧面PP上光｜燙金一次（村田金箔 消光金 No.101）
書腰	色上質 黑 特厚口	一色（DIC619）
封面	クラフトペーパー 素色 ハトロン判橫絲108kg	一色（黑墨）
扉頁	クラフトペーパー 素色 ハトロン判橫絲108kg	無
書頭布	88（●伊藤信雄商店）	
絲帶	22（●伊藤信雄商店）	
書名頁	OKブリザード 四六判直絲69kg	一色（DIC619）

重松清
かあちゃん
生まれてきた瞬間、
いちばんそばにいてくれるひと。
あなたのおかげで、
僕はひとりぼっちでは
ありません。
重松清が
初めて描く、
母と子の物語。
講談社

翻閱原稿時，才明白每個人口中的「母親」，指的不是實體，而是一種「母子關係」……。相反地，書名「老媽」這字眼卻能具體呈現一位母親的模樣，以及每個人的成長故事。每個人都會面對與母親的關係——我就是想在封面表達這個「每個人都會面對」的普遍感受性。這幅畫是我在藝術博覽會上認識的岡野博先生的作品，他的每幅作品都充滿了活力與溫柔的目光，給人明亮愉快的感受。

重松清《老媽》

講談社｜2009年5月｜1600 日圓

封面用圖｜岡野博《被溫柔的顏色包圍》

開本	132×188mm 四六判
裝幀	精裝圓背 420頁

	用紙	印刷・加工
書衣	ヴァンヌーボV 雪白色 四六判直絲130kg	四色印刷｜霧面上光
書腰	ヴァンヌーボV 雪白色 四六判直絲130kg	一色（黑墨＋DIC24）｜霧面上光
封面	ヴァンヌーボV 雪白色 四六判直絲105kg	一色（DIC47）｜霧面上光
扉頁	白エクセルケント 四六判直絲110kg	無
書頭布	21R（伊藤信雄商店）	
絲帶	2（伊藤信雄商店）	
書名頁	白エクセルケント 四六判直絲90kg	一色（黑墨＋DIC24）

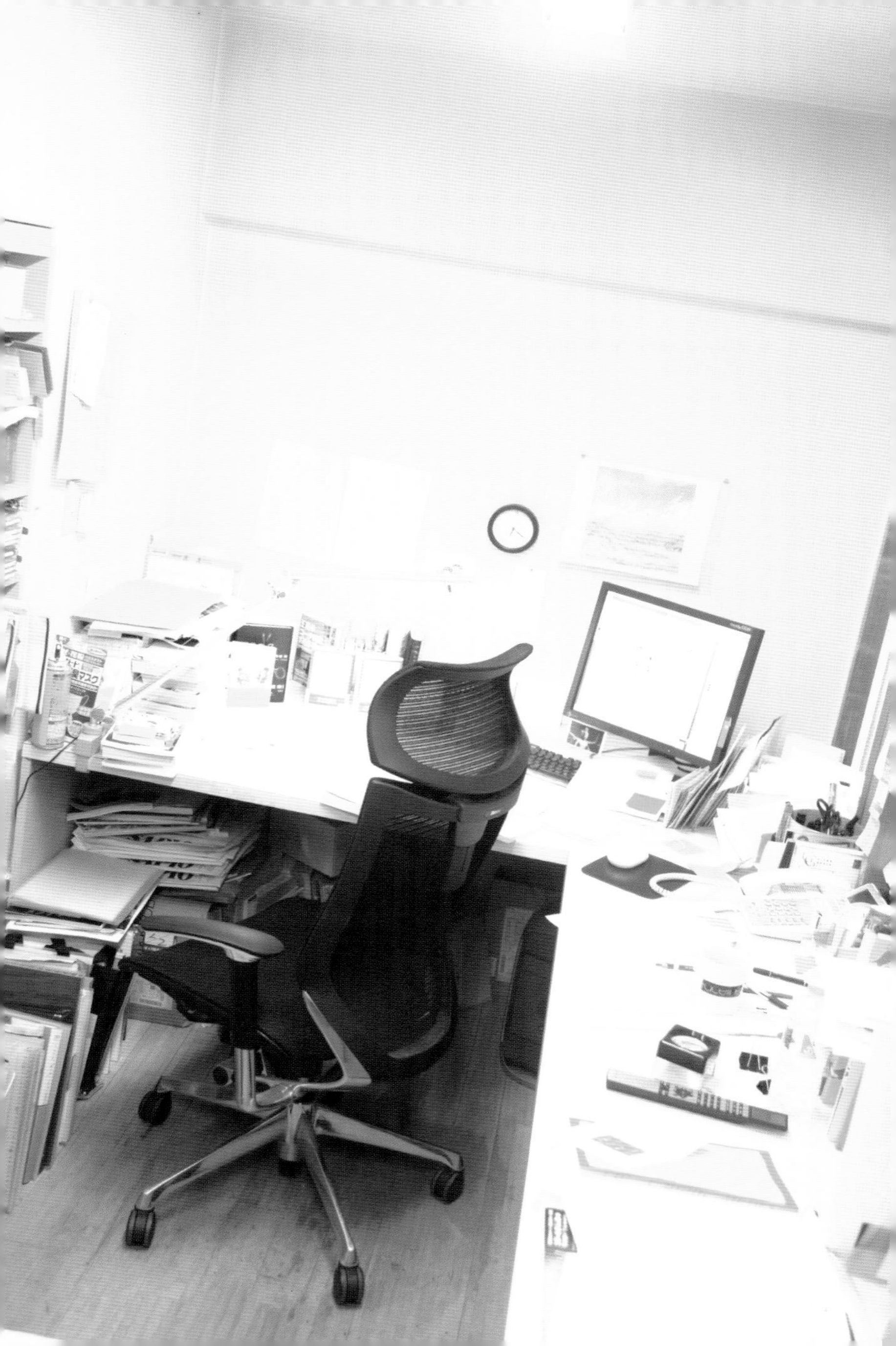

9 極簡的表現方式

相較於運用各種照片和畫作來設計，什麼都不用也是一種表現方式，不是嗎？

這單元列舉一些只用顏色和文字來表現的例子。

渋谷

藤原新也

母と娘
この永遠の
愛と憎しみ
そして救い

東京書籍

我試圖以極簡風格達到吸睛的目的。起初這本書的書名很長，叫作《在涉谷……》，後來我覺得只放《涉谷》兩個字，反而更搶眼，於是便建議改書名，藤原先生也爽快答應。既然作者也認同我的建議，就更敢放手一搏了……沒有任何多餘東西，反而更有想像空間，當然藤原先生也很滿意這款設計。

藤原新也《涉谷》	開本	127×188mm 四六判
東京書籍｜2006年6月｜1500 日圓	裝幀	精裝圓背 236頁

	用紙	印刷・加工
書衣	OKプリンス上質 四六判直絲110kg	一色（黑墨）｜霧面上光
書腰	OKプリンス上質 四六判直絲110kg	一色（黑墨）｜霧面上光
封面	OKプリンス上質 四六判直絲110kg	一色（黑墨）｜霧面上光
扉頁	OKプリンス上質 四六判直絲110kg	無
書頭布	1R（◯伊藤信雄商店）	
絲帶	1（◯伊藤信雄商店）	
書名頁	OKプリンス上質 四六判直絲90kg	一色（黑墨）

太田光
カラス
爆笑問題：太田光、34年間オール語りおろし!!
自伝but
小学館
定価:1260円
本体1200円

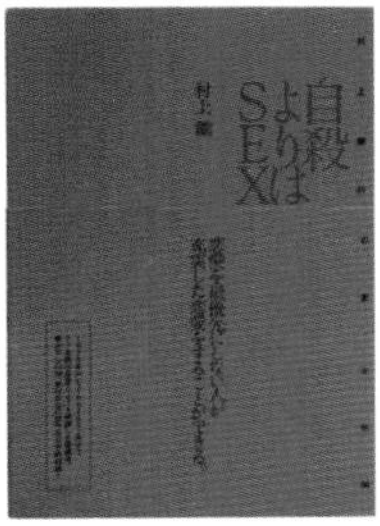

村上龍《SEX 比自殺重要》（Best Sellers）

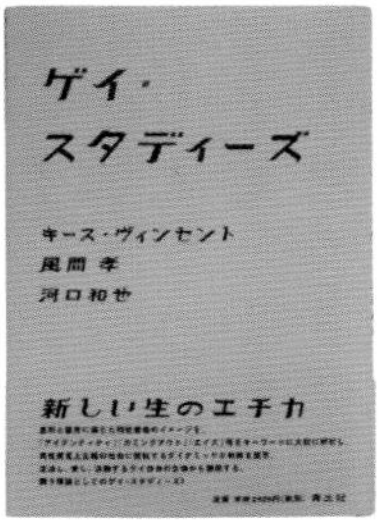

James Keith Vincent＋風間孝＋河口和也《同性戀研究》（青土社）

太田先生的父親好像是書法家，於是請他幫忙題字，然後在黑色的紙上做燙黑處理。村上龍先生那本《SEX 比自殺重要》則是在紅色的紙上做燙黑處理。因為這些書的作者都有一定知名度，所以這般極簡的設計方式也許能帶給讀者新鮮感吧。不論紙張、字體、還是加工處理等，每一項環節都要做得很仔細，才能完美呈現。而且得一邊想像會產生什麼樣的效果，因此在設計的同時，當然也要下很大的決心。另外一本《同性戀研究》，也是那種視覺效果不是很強的封面設計（笑）。正因為設計風格極簡到不行，搞不好書店人員會一頭霧水吧。

太田光《烏鴉》

小学館｜1999年10月｜1200 日圓

封面攝影｜谷内俊文・題字｜太田三郎

開本	130×188mm 四六判
裝幀	精裝圓背 248 頁｜天地書口刷邊

	用紙	印刷・加工
書衣	Mr.B off white 四六判直絲135kg	❷二色（DIC549＋黑墨） 特殊上光加工｜燙黑一次（村田金箔 黑）
書腰	Mr.B off white 四六判直絲110kg	❷二色（DIC549＋黑墨）｜霧面上光
封面	Mr.B off white 四六判直絲110kg	❷二色（DIC549＋黑墨）
扉頁	Mr.B off white 四六判直絲110kg	❷二色（DIC549＋黑墨）
書頭布	19C（●伊藤信雄商店）	
絲帶	22（●伊藤信雄商店）	
插頁	Mr.B off white 四六判直絲90kg	❷二色（DIC549＋黑墨）

ナイン・ストーリーズ

J. D. サリンジャー
柴田元幸 訳

2009年の
サリンジャー

這本書的裝幀設計曾被《Brain》雜誌有個「編輯部最感興趣的各種設計」單元相中，以下是當時受訪的部分內容：「Salinger 先生要求封面不能設計任何有意思的視覺效果。結果截稿日一天天迫近，還是想不出任何點子，看來只能用紙張和後續加工一決勝負了！問題是出版社那邊的預算有限……所以很多想法都被駁回。結果在毫無具體概念，缺乏充足時間，也沒有什麼預算的情況下，直到最後一刻才倉促決定採用基本色單色膠版印刷，結果非常完美，就是這樣。」

J.D. Salinger《九個故事》（柴田元幸 譯）
villagebooks｜2009年3月｜1600 日圓

開本	128×188mm 四六判
裝幀	精裝圓背 316頁

	用紙	印刷・加工
書衣	色上質 檸檬色 四六判橫絲最厚口	一色（黑墨）｜霧面上光
書腰	色上質 檸檬色 四六判橫絲最厚口	一色（黑墨）｜霧面上光
封面	色上質 檸檬色 四六判橫絲最厚口	一色（黑墨）
扉頁	色上質 檸檬色 四六判橫絲特厚口	無
書頭布	5C（○伊藤信雄商店）	
絲帶	22（●伊藤信雄商店）	
書名頁	色上質 檸檬色 四六判橫絲厚口	一色（黑墨）

ヘヴン

驚愕と衝撃！
圧倒的感動！

「僕とコジマの友情は永遠に続くはずだった。もし彼らが僕たちを放っておいてくれたなら──」

涙が
とめどなく
流れる──。

善悪の根源を問う、
著者初の長篇小説

川上未映子

這本小說非常震撼人心，同時也燃起我滿腔的設計熱誠，自信滿滿地提出各種點子，像是運用攝影師Bill Jacobson的人像作品，或是畫家福島淑子的畫作《夢的延續》等，來表現故事的最後情景，結果這些提案全都慘遭滑鐵盧。聽編輯說，這本小說的催生過程十分艱辛，作者覺得這部作品就像她的身體，不想穿上任何多餘衣物……沒想到竟被別人提醒，才意識到何謂裝幀設計的基本功。

川上未映子《Heaven》

講談社｜2009年9月｜1400日圓

開本　128×188mm 四六判

裝幀　精裝方背 256頁

	用紙	印刷・加工
書衣	グラフィーエコカラー 冬白色 四六判直絲100kg	四色印刷｜霧面上光｜燙金一次（カタニSY）
書腰	グラフィーエコカラー 冬白色 四六判直絲70kg	一色（黑墨）｜霧面上光｜燙金一次（カタニSY）
封面	グラフィーエコカラー 冬白色 四六判直絲100kg	一色（黑墨）｜霧面上光
扉頁	グラフィーエコカラー 冬白色 四六判直絲100kg	無
書頭布	1R（◯伊藤信雄商店）	
絲帶	1（◯伊藤信雄商店）	
書名頁	グラフィーエコカラー 冬白色 四六判直絲70kg	一色（黑墨）

後記

這本書依裝幀的手法不同，分門別類介紹許多案例，但都是所謂的結果論。直到書裝幀完成上市前，我這邊的大功告成只是某個階段的結束，而且過程通常不是很順利，總是得邊翻閱原稿，邊苦思如何設計。隨著入稿日、交稿日一天天迫近，還有響個不停的催稿電話（笑），這就是我平日工作的寫照。

裝幀設計不是如何表現自己，而是如何呈現一本書的個性。唯有看過原稿，才知道什麼樣的裝幀手法最適合這本書。純粹以讀者的角度思考這本書想傳達的訊息，找出吸引人的元素，才能盡力演出，因為讀者也可能被同樣的元素所吸引。

就像我在序文中所説的，這是和編輯一起完成的工作，所以他（她）們的直接反應很重要。畢竟很難直接收到讀者的反應，所以得先讓編輯滿意，才能滿足讀者的要求。這二十五年來，我就是抱著這樣的態度看待我的工作。

這本書多虧出版社、編輯、攝影師、插畫家和其他相關人士的協助，才能順利出版。再次致上我最深的謝意。

最後，這本書之所以能出版，全是託二〇〇八年在首都大學聽我拙劣的演講，不斷鼓勵我出書的編輯高良和秀先生之福，沒有你就沒有這本書，真的很感謝！

二〇一〇年六月　鈴木成一

・本書內容是以二〇〇八年十二月，於東京首都大學舉行的演講稿「引人注目的出版品——鈴木成一談『裝幀設計』」為本，再補充一些資料而成的。

Originator 04

鈴木成一 裝丁物語。

日文書名　装丁を語る。

作者　鈴木成一

譯者　楊明綺

責任編輯　蔡佳展・王正宜

日文版美術設計　鈴木成一デザイン室

內頁圖片攝影　岩田和美

中文版美術設計　王正宜

出版　光乍現工作室 | IDEAfried Studio
台北市 106 新生南路三段 2 號 4 樓之 5
Tel: 886-2-23672616 | Fax: 886-2-23660884
www.ideafried.com | ideafried@ideafried.com

發行　大和書報圖書股份有限公司
新北市新莊區五工五路 2 號
TEL: 886-2-89902588 | FAX: 886-2-22981658

2012年04月初版　定價450元

國家圖書館出版品預行編目資料

鈴木成一 裝丁物語。
鈴木成一 作｜楊明綺 譯｜初版｜台北市：光乍現工作室｜ 2012.04 ｜ 244 面
12.8×18.8 公分｜ ISBN 978-986-85736-9-7（平裝）
1. 印刷 2. 設計 3. 圖書裝訂 4. 作品集
477 101007012